新型职业农民科技培训教材

餐厅服务员

主　编　盛　强
编　写　盛　强　梁　维

电子科技大学出版社

图书在版编目（CIP）数据

餐厅服务员 / 《新型职业农民科技培训教材》编委会编.—成都：电子科技大学出版社，2013.8（2017.6 重印）
新型职业农民科技培训教材
ISBN 978-7-5647-1825-1

Ⅰ. ①餐… Ⅱ. ①新… Ⅲ. ①饮食业—商业服务—技术培训—教材 Ⅳ. ①F719.3

中国版本图书馆 CIP 数据核字（2013）第 189587 号

新型职业农民科技培训教材

餐厅服务员

《新型职业农民科技培训教材》编委会　编

出　　版：电子科技大学出版社（成都市一环路东一段 159 号电子信息产业大厦　邮编：610051）
策划编辑：辜守义
责任编辑：辜守义
主　　页：www.uestcp.com.cn
电子邮箱：uestcp@uestcp.com.cn
发　　行：新华书店经销
印　　刷：郫县犀浦印刷厂
成品尺寸：130mm×195mm　印张 5.375　字数 110 千字
版　　次：2013 年 8 月第一版
印　　次：2017 年 6 月 第 5 次印刷
书　　号：ISBN 978-7-5647-1825-1
定　　价：14.00 元

编者的话

为贯彻落实中央1号文件和全国农业科技教育工作会议精神，加快培育新型职业农民，推进现代农业发展，保障国家粮食安全和主要农产品有效供给，“以传播农业知识，提高农民素质，促进农业生产，增加农民收入”为宗旨，我们组织有关职业技术院校的涉农专业教师和长期从事农业技术推广工作的资深专家，编写了这套具有较强针对性和实用性，又便于农民朋友学习、提高的培训教材，供各地开展新型职业农民培训时选用。

该套教材采用了国家最新标准、法定计量单位和最新名词、术语，并注重行业针对性和实用性，力求做到内容浅显易懂、图文并茂，让农民朋友易于学习、掌握。该套教材共涵盖种植、养殖、加工、农产品安全等四个大类，共20多种，是目前国内同类教材中最新的一套培训系列教材。

由于编写时间较为仓促，教材中难免存在不足和错误，诚望各位专家和广大读者批评指正。

《新型职业农民科技培训教材》编委会

2012年7月

目录 MULU

第一章
服务员的职业素养及礼仪规范

新型职业农民
科技培训教材·
餐厅服务员

第一节　餐厅服务员职业要求

一、树立正确的服务观念

优秀的餐厅服务员，首先要树立正确的服务观念，要认识到为宾客服务是自己神圣的天职，做到有意识地培养自己对餐厅服务的浓厚兴趣，努力进取，尽职尽责，全心全意为每位就餐宾客服好务。

1. 树立一切从宾客出发的观念　餐厅服务就是要尽量为宾客提供最美好的消费感受。“宾客至上、服务第一”“客人就是上帝”。服务员要想客人之所想，急客人之所急，做客人之所需。随时注意观察和了解客人的喜怒哀乐，协助客人解决困难和需求，让宾客高兴而来，满意而归。

2. 更新服务观念　客人来到餐厅不仅仅是为了品尝美味佳肴，他们同时也希望享受到轻松的氛围、美好的回忆、体贴的照顾，从而获得美好的消费享受。服务员在餐厅这个特定场合要放下“个人尊严”，为宾客殷勤服务。牢牢记住“客人总是对的”，即使客人在某些方面有错，也应将“对”让给客人，站在客人的立场上为客人着想。

二、具备良好的职业道德

职业道德是餐厅服务员在整个餐厅服务过程中所应遵守的行为规范和行为准则。主要包括：

1. 满腔热情、客人至上　优质的服务是从优良的服务态度开始的。服务员应做到主动、热情、耐心、周到、文明、礼貌地为宾客服务。

（1）主动热情服务。要求服务员处处为宾客提供方便，像对待自己亲人一样接待宾客。在宾客开口之前主动服务，真正从心里理解宾客、关心宾客，始终做到笑容满面、精神饱满、语言亲切，对宾客关怀备至。

（2）耐心周到服务。做到在任何情况下，不急躁、不厌烦，善始善终地为宾客提供体贴周到的服务。如果宾客有误会，或者有意见，甚至有抱怨和不满情绪时，服务员要虚心听取，尽量解释，决不能与宾客发生争吵。同时，在服务内容和项目上，要想得细致周到，时时为客人、处处为客人。不仅要提供共性的规范化服务，也要实行个性化服务，以满足宾客偶然的、个别的、特殊的正当服务需要，将餐厅服务工作做得尽善尽美，体贴入微，有求必应。

（3）文明礼貌服务。文明礼貌服务是餐厅服务的起码要求，是服务员自身素养必不可少的组成部分，也是自身完美人格的体现。主要表现为：

①有端庄、文雅的仪表、仪态。

②使用文明、礼貌、生动、亲切的服务语言。

③遵守公德，尊老爱幼，关心体贴残疾和体弱年迈的宾客。

④遵时守信，严格执行餐厅服务规范。

⑤理解宽容，互尊互助，做到不卑不亢。

2. 敬业、勤业、乐业　服务员要热爱本职工作，遵守餐厅各种规章制度和劳动纪律，严格执行服务程序和操作规范，勤奋工作，不怠慢客人，不做不利于餐厅的事，不说有损餐厅的话。

3. 诚信无欺，真实公道　餐厅服务是一个可以为顾客感知或认同的公平交易。要树立质量第一、信誉第一、顾客至上的观念，讲求诚信服务，不随意涨价和乱收费用，为顾客着想，为顾客节约，当好顾客的参谋。

4. 遵纪守法、廉洁奉公　违法、违规和不遵守纪律的人和事，都是不允许的。服务员要自觉学习法律法规知识，知法用法，自觉遵纪守法，不断增强道德意识和自我约束力。遵章守纪、廉洁奉公，做到不贪不占、克己奉公，不谋私利，勤俭节约。

5. 团结协作、顾全大局　服务中要互相支持、相互帮助，不能只图自己方便而把困难和责任留给他人。要做好传、帮、带工作，团结协作，共同为顾客提供优质的服务，体现团队协作服务精神。如餐厅服务员与厨师的团结配合，以及传菜员、酒水员与收银员之间的配合等，都十分重要。

第二节　餐厅服务员的岗位职责

餐厅服务工作根据工作岗位分工，主要有“迎宾员”“值台员”（也称餐台服务员）“传菜员”“酒水员”“收银员”及“宴会预定员”。以下重点介绍迎宾员、值台员及传菜服务员的岗位职责：

一、迎宾员的岗位职责

迎宾员又称引领员，是餐厅的“门面”。主要工作是迎接客人入门、安排就座、送别客人。具体职责是：

1. 服务时着装整洁、美观，按时守候于餐厅进口处迎接宾客，使用礼貌用语，微笑服务，迎客入厅。

2. 负责接受宾客的订餐，包括电话预定和当面预定，并注意问清宾客的姓名、单位、联系电话、就餐人数、就餐时间和其他要求，做好记录，并负责具体落实安排。

3. 掌握客人就餐人数、位置、桌数安排、翻台等餐厅业务情况，认真做好书面记录，并能准确地将宾客引领到适当的就餐位置。

4. 当餐厅满座时，安排准备就餐的宾客到休息厅稍等，并做好登记。

5. 负责替宾客存放衣帽（套上椅套）、雨伞、手提包等物品。

6. 礼貌耐心地解答宾客的询问，接受宾客的建议、投诉，收集客人对本餐厅服务的建议和意见，并及时上报。

7. 宾客离开餐厅时微笑送别客人，感谢宾客光临，协助宾客拉门、按电梯、叫出租车等。

8. 协助做好餐前准备和餐厅结束工作，搞好区域卫生。

二、值台员的岗位职责

值台员即餐台服务员，主要工作是按照服务规范和工作程序做好餐前准备、现场服务和台面清洁等工作，具体包括：

1. 在服务前，将所有用品包括餐巾、餐盘、酒水杯、餐具等存放到工作台上或工作柜中，保证无水迹、指印或污点，搞好餐厅环境卫生。

2. 布置餐桌和摆台，做好开餐前的辅助工作，如餐巾折花等。

3. 着装整齐、干净，整理好仪容，检查并携带好记录本、笔和启瓶器等工作用品。

4. 迎客入座，协助客人点菜，向客人介绍特色菜或招牌菜，回答客人的提问或转达客人的要求，开出单据并通知厨房。

5. 熟悉菜肴、酒水知识，了解供餐菜单和货源情况，掌握菜肴服务方法，主动做好介绍、推销菜点和酒水的工作。

6. 负责处理宾客就餐时所遇到的各种事项，接受客人对服务工作的建议或批评，及时汇报。

7. 检查为宾客的上菜情况，并协助客人结账，礼貌地欢送客人。

8. 负责收台及翻台后的餐具摆放，分类送洗脏餐具和棉织品，及时补充工作台各类物品，做好设施保养和安全检查工作。

三、传菜员的岗位职责

传菜员又称走菜员，归餐厅经理领导，主要负责菜肴的传送，具体职责有：

1. 开餐前负责准备好调料、配料及传菜用具，主动配合厨师做好出菜前的准备工作。

2. 正确使用和保管各种传菜用具，掌握各种菜肴所需器皿及各种特色菜的端送方法。

3. 负责将订菜单送至厨房，并按上菜顺序准确无误地将菜肴送至该餐桌服务员手中。

4. 动作迅速规范，传递饭菜及时安全到位，随时沟通餐厅与厨房间的信息。

5. 严把饭菜质量关，不符合卫生质量标准的饭菜拒绝传送。

6. 协助餐厅前台服务员撤换餐具，整理酒水瓶，并带回洗涤间，帮助厨师清理存放干净的餐具、用具。

7. 负责小毛巾的洗涤、消毒工作及传菜间和规定区域内的清洁卫生工作。

8. 负责保管订餐菜单，以备检查。

第三节 餐厅服务员礼貌礼仪规范

一、礼貌礼节规范

（一）礼貌规范

坚持礼貌礼节、周到服务，既是宾客的客观要求，也是优良的餐厅服务的表现形式。

1. 服务态度要求 服务中的礼貌表现在态度上，简单地概括为“真诚的服务”。做到诚恳、热情、和蔼、周到、耐心。主要表现在：服务迅速、敏捷、准确，做到眼勤、脚勤、口勤、手勤、心勤；对宾客不懂的（如菜单）向他们做适当介绍，并乐于回答他们的问题，做到“百问不烦，百拿不厌”；做好有针对性地服务，并尽量记住客人的姓名、座位、喜欢的食品等；能适当调动宾客低落的情绪，让他们感到就餐愉快；放好窗帘，调好音乐音量，尽量使宾客感到舒适；帮助客人将食品包装好，尽可能满足客人提出的合理要求等。

2. 微笑服务要求　服务员是永远的微笑者。服务中，亲切自然的微笑，可以对宾客的心情和情绪产生一种愉快的导向作用，给顾客留下甜美的"第一印象"。具体要求是：真诚，微笑一定要适宜，要自然坦诚，是发自内心的，不可故作笑颜，假意奉承；掌握好笑的分寸，不该笑时不笑，该微笑时不能大笑，不能有轻蔑的笑，应通过眼、口、面部表情，流露出亲切、柔美、愉快的微笑。同时，微笑服务要与仪表和举止相结合，再灿烂的微笑，如果是仪表不整、举止不当，也不会使宾客产生好感。最后，微笑服务要始终如一，对客人一视同仁；每一位服务员，在每一个服务环节都应坚持微笑服务。

3. 敬语服务要求　使用敬语服务，要求餐厅服务员为宾客服务时，以客人为中心，以诚为本，用"真、善、美"的语言服务客人、打动客人。做到谈吐文雅、语调亲切自然、音量适度、优美动听、讲究语言艺术，回答客人问题准确、简明，能根据不同宾客，恰当运用服务敬语。

(1) 为宾客服务有"五声"，即：宾客来时有迎声，遇到宾客有呼声，受到帮助有致谢声，工作失误有致歉声，宾客离店有送声。

(2) 经常使用"十"字文明用语，即："您好""请""谢谢""对不起""再见"。

(3) 正确运用敬语服务的技巧。首先要说好问候语。问候要亲切，面部表情应自然大方，不能扭捏作态。称呼时，对男士统称为“先生”；对女士婚前称“小姐”，已婚称“夫人”或“太太”。二要语言准确，注意分寸。如问对方叫什么名字，人数多少时，不能说：“您叫什么名字，有几个人?”而应说：“我该怎么称呼您呢？请问有几位?”问客人需求时应说：“先生，您想用点什么?”而不应说：“先生，您要什么饭?”三要掌握好语调。如迎客时说的“您好”“请进”“请坐”等用语的声调应响亮而富有朝气，客人离店时说的“再见”“欢迎下次光临”等用语应亲切、热情，音量不能过大；避免用鼻音的单字，如“嗯、唔、喂”等。四是与客人交谈时，应有良好的身体姿态，精力要集中，两眼尽量注视对方，表情轻松，多露微笑，与宾客保持一步半的距离为宜，讲话音量应低于客人；听客人谈话不要左顾右盼，双手东摸西摸，要多注意倾听，不要抢话。五是客人之间交谈时，不能趋前旁听，不要在一旁窥视，更不要随便插话干扰，如有急事须立即与客人说时，应趋前说声“对不起，打扰一下可以吗？我对这位先生有急事相告”；当双方发生不同意见或产生误会时，不要勉强说服客人，更不能抬杠；尽量少用手势，不要给宾客手舞足蹈的感觉，不得已时应抬手臂伸手掌，掌心向上，以肘关节为支点在小范围内活动。

4. 掌握常用礼貌用语（参见附录一“餐厅服务基本敬语”）。

（二）礼节规范

礼节是指向他人表示敬意、问候、祝颂之类的各种习惯和仪式。主要礼节要求为：

1. 称呼礼节的要求　宾客光临餐厅时，服务员如能称呼客人的姓名，将会给客人带来一个惊喜，因此要学会尽快记住客人的姓名（包括职衔、身份、婚姻状况等）。称呼时要用尊称，切忌用“喂”称呼客人，如男宾称为“先生”，已婚女宾称为“太太”“夫人”，若无法断定对方婚否，可称为“女士”。如知道职衔，要在“先生”“小姐”前冠以职衔，如“博士先生”“议员先生”或者称“××教授”“××团长”。需要称呼多位客人时，应遵守先个人后整体，先近后远，先称呼主人、主宾和最年长者的原则进行称呼。

2. 问候礼节的要求　问候礼节要根据时间、场所、情景、接待对象和客人的风俗习惯等的不同而变化。如与客人初次见面时应主动说：“您好，欢迎光临”等。平时见到客人时应说：“您早！”“早上好！”“下午好！”“晚安！”遇见客人询问时应说：“请问有什么需要帮忙吗？”遇到节日、生日等喜庆之日应说“祝您生日快乐！”“祝您圣诞快乐！”等。客人离店时应说“欢迎您再次光临！”

3. 应答礼节的要求　在回应客人的召唤及答复客人询问时必须起立，站立姿势要好，背不能靠他物，做到表情自然，语言亲切，面带微笑，精力集中，认真聆听。要让客人将话讲完，不要随便插话，如有事打扰客人时，应先用商量、请求的口吻说“对不起，打断一下”等。回答客人的询问不要轻易说“不行”“我不知道”等否定语。接受客人吩咐说“好，明白了！”“好，马上就来。”不能及时为客人提供某种服务时应说“对不起，请您稍候，我马上就来”等。

4. 迎送礼节的要求　宾客行至餐厅门口，迎宾员要主动向客人打招呼问好，笑脸相迎。接待中坚持先主宾后随从，先女宾后男宾，老弱病残优先的顺序进行服务。宾客用餐走出餐厅大门，应向宾客告别说“欢迎您再次光临”。

5. 操作礼节的要求　操作礼节主要是服务人员在日常工作中的礼节。要求服务员做到仪容整洁、举止大方、态度和蔼。工作场所要保持安静，不能大声喧哗，不准开玩笑，不准哼小曲；做到说话轻，走路轻，操作轻；递送物品时要用托盘；迎客走在前，送客走在后；行走中遇到客人，应主动打招呼，并主动让道。

二、仪表、仪容、仪态规范

（一）仪表仪容规范

餐厅服务员的仪表仪容直接影响客人对餐厅的感受。规范的仪表、端庄的仪容、整洁的着装，能烘托良好的餐厅服务气氛，使宾客从心理上产生一种信任感、愉快感，并留下良好的第一印象。基本要求是：

1. 发部修饰　将头发梳理整齐，保持干净，必要时戴上帽子，不仿效流行发式。男士前发不覆额，后发不触领，侧发不掩耳，不留鬓角，定时理发。女士发不长于肩部，额发不过眉，不允许随意将其披散开来，做到简约、明快。

2. 面部化妆　女士应淡妆上岗，不宜浓妆艳抹，口红宜淡薄，不用浓烈的香水。男士必须每天剃须，剪短鼻毛。

3. 服饰规范　服饰按规定着装，服务标志佩戴端正，保持制服笔挺，衣裤要烫平整，不起皱、不翘边，将工作装所有纽扣扣好，拉链拉好。不穿有油渍、有异味的服装出现在工作场合。衬衣不要露在外面，不挽袖、不卷裤。领带、领结整洁挺括。鞋以黑色为主，保持整洁光亮。男士应着深色袜子，女士应着无破损肉色丝袜，袜口不外露。

4. 手部要求　指甲要经常修剪、清洁。服务前应将手洗干净。女士除可涂无色指甲油外，不得使用其他化妆品。不宜佩戴戒指、手表及时髦首饰物（结婚戒指除外）。

5. 口腔卫生　上岗前禁吃葱、蒜、韭菜等带有强烈异味的食物，特别注意防止口腔异味，每天坚持刷牙。

（二）仪态规范

仪态是服务员在行为中的姿态和风度。

1. 站姿　站立服务是餐厅服务员的基本功之一。要求做到：身体端正，挺胸收腹，面带微笑，微收颌，双臂自然下垂或双手交叉相握于腹前，不能双手叉腰或抱于胸前；站立时，双腿立正并拢，双膝与双脚跟部紧靠。女服务员应双脚呈“V”字形，二者相距约20～25厘米，或双脚呈“丁”字形，将右脚跟靠于左脚跟内侧略前端，身体重心落于左脚、右脚或落在双脚上，以此调节长久站立的疲劳。男服务员应双脚分开与肩同宽，身体保持正直。男性力求给人一种“劲”的美感，女性则努力给人一种“静”的美感。

2. 行姿　基本要求是：行走时保持明确的行进方向，身体重心略向前倾，抬头、挺胸、眼睛平视，面带微笑，肩部放松，收腹，两臂自然前后摆动，摆幅约35厘米，步幅以男士约40厘米，女士约30厘米为宜。两脚行走应是直线，成“一字步”，不要形成“内八字”或“外八字”。在服务区不可跑步行走，并尽量靠右行走，相遇宾客时要点头致意。

3. 手势　餐厅服务中，手势的运用要注意适度和规范。介绍客人、为客人指示方向、引领客人等服务中，都需有规范的手势。做到：伸出右手，五指并拢，掌心向上，上臂自然下垂，以肘关节为支点，由内向外自然伸开小臂。指明方向后，手应停留片刻，回头确认客人认清后再将手放下，不要随便横挥手臂后就立即放下。

第四节 餐厅服务中的几个问题

一、避免餐厅服务中的主要忌讳

不同的宾客对忌讳不尽相同，在服务时要避免各种忌讳，其主要有：

1. 举止忌 服务时，忌姿势歪斜、以手指指人、相距过近、左顾右盼、伸懒腰，忌坐在客椅上，忌偷笑客人，忌吃东西，忌抽烟等。

2. 卫生忌 忌蓬头垢面、衣装不整不洁，忌在客人面前挖眼屎、挖耳鼻、擤鼻涕、剔牙齿、抓痒、梳头、修指甲、化妆，忍乱丢果皮纸屑、烟头及其他杂物。

3. 礼遇忌 忌盯着客人直瞅，忌以貌取人，忌催赶客人离席，忌旁听客人谈话，忌随意插话、传话，忌厌烦客人。

4. 语言忌 忌随便发问客人私事，忌说“不知道”三个字，忌服务中哼小调和高声应答，忌用口语，如“您要饭吗?”“您要醋吗?”等，以免产生误会。

二、处理好宾客的抱怨

餐厅中时常遇见因服务员的态度、菜品的质量或口味及卫生等方面引起的问题而遭客人的抱怨，服务员必须认真对待。处理时：一是用明确的态度点头回应并积极地倾听客人的陈述，认真调查，弄清事实，并说“我知道了”“这样很好”“多谢指教”等。二是牢记处理抱怨时不要找理由，不要辩解，只要道歉。三是尽量肯定顾客、认同顾客，重视顾客的自尊心及优越感，如有可能，应及时做好笔记，边聆听边重复你的记录要点，别忘了让顾客感觉到你对他们提出的各种抱怨既有热情又有诚意，你是站在顾客的立场上来考虑问题。四是当客人处于愤怒状态时，千万不要打断他的诉说，应保持冷静，一定不能与其发生争吵。五是能立即解决的要马上解决，让客人百分之百的满意。总之，给客人以诚恳真挚的感受，其结果是能更好地解决问题。

三、学会服务中常见失误的处理

1. 不慎将汤、菜汁洒在客人衣服上时的处理

首先要诚恳地向客人道歉，并立即找一块干净的湿毛巾为客人擦拭污迹（如是女士，最好由女服务员为其擦拭），最后根据效果和客人的态度，决定是否为客人拿去洗涤。

2. 宾客发现饭菜中有异物时的处理　服务员应首先向客人表示歉意，然后将其立即撤下来，仔细分辨是否有异物，如有异物，应立即为客人重新做一份饭菜。同时再次向客人表示歉意。

3. 客人在餐厅醉酒时的处理　可给客人介绍一些不含酒精的饮料，同时主动递上热茶、香巾，如有呕吐，要及时清理污物。如客人醉酒闹事，要平静地

解决，或立即向主管领导报告。

4. 客人在餐厅损坏餐具时的处理 服务员应首先关心询问客人是否被碰伤或被扎伤，并立即将破碎的餐具清理干净，为客人换上干净的餐具，请客人继续用餐。结账时婉言向客人收取赔偿费。

第二章
饮食习俗与宾客就餐心理

第一节　饮食习俗

一、我国主要省市的饮食习俗

（一）北京

北京人以面食为主，也喜欢吃大米和一些杂粮。北京小吃品种繁多，口味因人而异，并形成以鲜、香、脆、酥、嫩、爽为主的饮食特色。

1. 三餐习惯　一日三餐，早点品种多，大多喜吃包子、油饼、豆浆、米粥、茶叶蛋等，也有煮牛奶、挂面，吃面包夹肉肠、喝咖啡等。午餐简便，多为馒头、花卷、烙饼、面条，外加炒菜、汤等。对晚餐比较重视。

2. 餐饮习俗　不少家庭爱去

餐馆用餐，很多人烹饪手艺不错，能自作几道拿手菜招待亲朋好友。北京人喜爱喝茶。

（二）上海

上海人口味清淡，讲究食物的原味和营养价值。

1. 三餐习惯　鱼、虾、蟹极为丰富，喜欢用其做汤或清蒸，味道极鲜。主食为大米、春卷、糕团、汤圆等，副食多为精猪肉、牛肉、鸡蛋、豆制品及各种新鲜蔬菜，尤其喜欢绿叶菜。

2. 餐饮习俗　喜吃西餐，在家也能简单制作，如咖喱鸡、拌沙拉、热狗等；喜吃酒酿和炒年糕，也喜欢喝茶。

（三）广东

口味以甜为主，菜肴以清淡少油为适，酸辣次之。菜肴制作以蒸、炸、烤、煎等多种方式为主，重色彩、讲味道。

1. 三餐习惯　一日三餐多以大米为主食，兼有少量早餐吃面食；副食以猪、牛、羊、鸡、鸭、鱼、虾、蟹和“时令蔬菜”为主。

2. 餐饮习俗　“一日三餐先茶后饭”是食俗的一大特色，此外也喜食杂食，如人工饲养的野生动物等。

（四）江苏

苏南人口味清淡，忌食辛辣食物，少用调、配料，讲究食物、菜肴的原色原味。苏北一些地方口味接近山东，如喜食饺子、大葱蘸酱、煎饼等。

1. 三餐习惯　苏南人午、晚餐以米饭为主，早餐辅以面食、汤圆等。因水产品丰富，多以鱼类为日常菜肴。苏北人日常以稻米、面粉、杂粮为主食，早餐喜食油茶，爱吃鱼类和时令蔬菜。

2. 餐饮习俗　苏南人以鱼类为日常菜肴，酒席中必有鱼，且食鱼讲究，鲢鱼吃头、鲭鱼吃尾、鲫鱼烩汤。苏北扬州等地有“吃下午”的习俗。

（五）山西

喜食面食，有“一面百样吃”的说法，菜肴、面食多以醋为主要调料。

1. 三餐习惯　大多是早饭稠、午饭好、晚饭稀，重主食轻副食，农村多以咸菜、酸菜佐餐，不搞一餐数菜，但有“七十二样家常饭”之说。

2. 餐饮习俗　招待宾客分荤、素席；上菜道数以碗计量，如顺六碗、八八碗、十大碗等。

（六）四川

口味一般以咸鲜、麻、辣、浓味的菜肴为主。

1. 三餐习惯　主食以大米、面食为主，副食以猪、牛、羊肉及禽类和各种时令蔬菜为主，尤其是各式辣椒及泡菜等。很多人喜吃小吃，如担担面、川北凉粉、酸辣粉、叶儿粑等。

2. 餐饮习俗　家中餐桌不离泡菜，喜吃腌制腊肉及盐水鸭蛋和皮蛋。“夏天吃火锅”也是一大特点。普遍爱喝茶。

（七）东北三省

菜肴烹制除炖、炒、熬、蒸和做火锅外，还喜用拌、蘸食法。喜吃肉食、鱼、虾、野味，嗜肥浓腥膻，重油偏咸。

1. 三餐习惯 主食多吃杂粮，喜食豆饭和二米饭。副食中猪肉消耗量大，猪肉炖粉条是农村地区的大众食品，豆腐、冻豆腐也是不可缺少的副食品。主要佐餐食品有大酱、酱制品、酸菜、腌菜等。

2. 餐饮习俗 好客，待人质朴，招待客人菜肴丰盛，有“豪饮”之称；喜吃面包夹红肠喝啤酒；设宴上菜必双数，席间主人向客人频频敬烟劝酒，夹菜添饭成为特有的好客习俗。

（八）甘肃

喜食酸辣。一般多用辣椒、花椒、芥末、八角、葱、姜、蒜等。

1. 三餐习惯 以面粉为主，杂粮为辅，品种有玉米、洋芋、荞麦、豆类等，杂粮多，汤面品种多。主食的制作除烙、烤、蒸、炸、煮外，还有沙埋法，如成县的埋沙馍和临洮的石子锅盔。

2. 餐饮习俗 咸菜、油泼辣子和醋是吃汤面的必备调味品，很多家庭喜自做“腊八醋”。夏季喜吃凉食，平时爱吃凉拌蔬菜；冬季喜食牛羊肉和乳制品，如羊肉泡馍、烤肉串及羊肉涮火锅等。

（九）福建

闽南人不嗜辣，但作为佐料，也食用一种微辣稍甜的辣酱和一种微辣甜酸的汁。闽中北人在调料上，喜好虾油和料酒。闽西客家人口味稍重，油大偏咸，讲究鲜香、本味，喜食甜食和糯米酒。

1. 三餐习惯　闽南三餐以大米为主食，多食水产，春季吃鳗、鳝；冬季吃鲷、鲳。闽中北早、晚以大米为主，副食较简单，午餐较为讲究，四菜两汤，而汤中含有鸡肉、猪肉、鱼肉等。

2. 餐饮习俗　闽西客家人宴请宾客一般不去酒楼，通常在家操办，家宴很是讲究。并嗜好蛇肉、狗肉。福建人普遍有饮用乌龙功夫茶的习惯。

（十）香港

香港人口味喜清淡、香脆，不爱食酸辣。烹制菜肴时讲究火候，以刚熟而未透为鲜，喜欢清蒸的烹饪技法。

1. 三餐习惯　早餐喜到茶楼饮茶，同时吃点心、粥等，点心品种至少二三十种，其中虾饺和叉烧包为香港人首选的品种；午、晚餐喜吃米饭及各类菜品，如海鲜、蛇肉、野味、猪瘦肉、绿色蔬菜等。

2. 餐饮习俗　“吃早茶”是香港人食俗的一大特色；由于工作节奏快，上班族更喜欢西式快餐，吃汉堡、三明治，喝饮料为首选的饮食方式。

第二节　我国主要兄弟民族的饮食习俗

一、回族

信仰伊斯兰教，在我国人口较多，分布较广。

1. 饮食特点　日常饮食以面粉、大米为主，辅以玉米、豌豆等杂粮。其素食以清、净、香、甜、雅著称，饮食习惯与汉族差异较大。喜吃牛、羊、鸡、鸭和带鳞的鱼类，爱吃蔬菜，喜食“馓子”“油香”等油炸食品。不吃猪、马、驴、骡、狗的肉，不食动物的血，不吃自死的禽畜，不吃非穆斯林宰杀的牛、羊、鸡、鸭和带鳞的鱼类以及牛、羊肉罐头。

2. 地方习俗　每逢伊斯兰教历九月，回族成人要斋戒一个月。“开斋节”“古尔邦节”“圣纪节”是回族三大节日。“开斋节”回族成年男女都要去清真寺参加会礼、团拜活动。一般不嗜烟和酒，喜欢喝茶。给客人倒茶，端茶用右手，客人要双手相接，以示礼节。

二、维吾尔族

信奉伊斯兰教，家庭、婚姻、饮食等诸方面均受宗教影响。

1. 饮食特点　主食为白面或玉米面经火坑烤制的“馕”为主，吃馕讲究用手掰开后再食用，不允许拿着整个馕咬食。传统食品烤羊肉串肉味鲜、香辣，很有特色。喜爱抓饭、拉面、包子和玉米粥。副食有牛肉、羊肉、鸡肉和各种蔬菜，但不吃素菜，做菜必须加肉。瓜果是维吾尔族人民的生活必需品。

2. 地方习俗　特别重视伊斯兰教的三大宗教节日，尤其视“古尔邦节”为大年，庆祝活动极为隆重。维吾尔族人讲究卫生，尤其注意饮水清洁。吃饭时，不能随便拨弄盘中食物，也不能随便到灶台前面，吃饭或与人交谈时忌吐痰、擤鼻涕。

三、藏族

信奉喇嘛教，其文化和风俗也深受宗教影响。

1. 饮食特点　藏族牧民的饮食多为一日三餐，早餐多食糌粑、喝酥油茶，饮青稞酒；午餐以食用肉食为主；晚餐以粥为主。糌粑是藏族人的日常食品，酥油茶为他们不可缺少的饮料佳品。农区藏民饮食以粮为主，蔬菜为辅。

2. 地方习俗　藏族人忌食奇蹄五爪类、禽兽类，如马、驴、骡、鸡、鸭、鹅等。大部分地区的藏族人也不食海味及鱼类，可食用的是偶蹄动物的肉，如牧养的牛、羊、野生鹿、麝、猪等。

四、蒙古族

史书以“游牧民族四季出行，惟逐水草，所食惟肉酪”来形容其生活饮食习惯。

1. 饮食特点　牧区的蒙古族人以牛羊肉、乳品为主食，烤肉、烧肉、肉干、手抓肉均为蒙古族家常食品，尤以手抓肉最为有名，四季皆可食用。农区蒙古族人主食以玉米面、小米为主，辅以大米、白面、荞面、高粱米。菜肴烹制上以炖、炒、烧烤为主。夏季喜食酸奶，或拌饭，或清饮。

2. 地方习俗　蒙古族历来热情好客，来客先敬茶，不能无茶或不沏茶，以“满杯酒，满杯茶”为敬，不同于汉族“茶七酒八”的习俗。

五、朝鲜族

讲究卫生，讲究礼貌，特别有敬老美德。

1. 饮食特点　主食以大米为主，其次为冷面和米糕。口味以咸辣为主，嗜辣不逊色于四川人和湖南人。每餐必喝汤，且讲究汤浓味重，常用于吊汤的原料有牛肉、鸡肉、狗肉、兔肉等。烹调多以煎、煮、炒、氽、烤等为主，菜肴多清淡、软烂、爽脆。

2. 地方习俗　猪肉消费量较少，不喜吃羊肉、河鱼和馒头，喜食狗肉、牛肉、鸡肉、鱼肉、蛋等，常以狗肉招待客人。

第三节　我国主要客源国的饮食习俗

一、美国

食谱十分丰富，以西餐为主，也喜欢中餐。

1. 口味特点　饮食因地区和民族而异，但总体以食用肉类为主。喜吃咸中带甜的菜肴，口味清淡，少酸，喜食甜食，爱用水果做菜肴的配料。尤其喜食牛排，其次是鸡肉、鱼肉、火鸡、羊肉等。不爱吃动物内脏、海参，不愿啃骨头，吃鱼最好不带刺。不吃油过重、过辣的菜肴。一日三餐并不十分讲究，喜喝各种果汁、咖啡、啤酒和葡萄酒。

2. 饮食风俗　喜欢单独饮用烈性酒，不作为佐餐酒。爱吃冷饮。过圣诞节一般要有沙拉、鱼、肉类、布丁以及各种饮料。过感恩节时，除食传统佳肴烤火鸡外，还要食南瓜饼、玉米面布丁和奶油蛋糕等。平时待客，菜肴简单，重形式轻实际内容。

二、日本

饮食有和食（日本料理）、洋食（西餐）、中餐料理（中国饭菜）三种。

1. 口味特点　和食讲究“五味”“五色”“五法”，以大米为主，多用海鲜、蔬菜，讲究清淡与味鲜，忌油腻，很注重营养成分。口味一般喜清淡少油、稍带甜酸和辣味。尤其爱吃鱼，吃生鱼时蘸酱油、配辣椒或芥末膏，以解腥杀菌。

2. 饮食风俗　每逢喜事爱吃红豆饭，蒸好后再加上芝麻盐。有端午节吃粽子、中秋节吃团子、新年吃年糕、除夕之夜吃空心面的习俗。习惯盘腿坐在地上或跪坐用筷子夹食。不喜吃羊肉、猪内脏及肥猪肉。普遍爱好饮茶，讲究茶道。

三、法国

法国人对饮食的要求很高，菜肴以美味可口闻名于世。

1. 口味特点　法国人口味浓、鲜、嫩，不喜吃辣味的菜肴。主食以面包为主，其种类繁多。副食主要为肉食，如牛肉、鸡肉、鱼子酱、蜗牛、鹅肝及鲜嫩蔬菜、竹笋、蘑菇等。对鲜肉类食品，讲究烹制火候，如牛肉扒、烤羊排等都以带血丝为佳。喜用大蒜、丁香、香菜等调味。

2. 饮食风俗　就餐讲究菜肴与酒水搭配，吃海鲜、冷菜时饮白葡萄酒，吃肉类和奶酪时喝红葡萄酒。从不在餐桌上喝烈性酒，餐后饮酒为白兰地，以助消化。并视矿泉水为生命之水。

四、英国

英国人以英、法菜为主，英式菜历史悠久，工艺讲究。

1. 口味特点　口味清爽，菜肴量少而精，花样众多，讲究营养成分及菜肴的色、香、味、形。家庭大多一日四餐。早餐较为讲究，吃麦片、三明治、奶油点心，饮果汁或牛奶；午餐比较简单，冷肉、土豆等做的凉拌菜即可；第三次用餐为茶点，通常喝茶、吃面包、点心；晚餐是一天中最主要的正餐，吃煮鸡、煮牛肉，也吃猪肉、羊肉。

2. 饮食风俗　进餐时一般先喝啤酒，也喜喝金酒、威士忌等烈性酒。席间不劝酒，客人随意。餐后甜点花样繁多且食用时间长。喜喝咖啡、红茶，不喜吃动物内脏做成的菜肴。忌讳“13”和“3”。

五、新加坡

由于多为华人，中餐是其最佳选择。

1. 口味特点　口味喜欢清淡，偏爱甜味，讲究营养。平时爱吃米饭和各种生猛海鲜，不太喜欢面食。喜欢中国的粤菜、闽菜和上海菜。

2. 饮食风俗　多数人喜欢饮茶。客人到时，以茶相待。春节来临之际，在茶中加入橄榄之后饮用，谓之“元宝茶”。新加坡华人常饮中药补酒，如鹿茸酒、人参酒等。

第四节 宾客就餐心理与针对服务

一、宾客就餐心理需求

（一）顾客需求层次简介

优秀的服务员都是以自己对客人的关心、理解和尊重，赢得了客人对自己的尊重。以人为本，懂得客人的心理需求，为客人提供有人情味的服务，对服务员来讲十分必要。对宾客而言，人人都希望在就餐过程中能满足自己的心理需求。宾客需求从低到高依次为：生理需求→安全需求→社会群体感需求→受尊重的需求→自我实现的需求。

1. 生理需求　当顾客饥渴时，餐厅能提供良好的食品及酒水。

2. 安全需求　所有的顾客都希望餐厅的环境幽雅、干净、舒适；食品及餐饮用具洁净，有安全保障。

3. 社会群体感需求　顾客来到餐厅，需要得到真诚的问候、微笑，有“宾至如归”的感受。

4. 受尊重的需求　顾客在享受服务时希望获得尊重、关心和被重视。

5. 自我实现的需求　这是顾客最高层次的心理

需求。要力求以最优的餐厅服务为顾客实现这一最高需求创造条件。

（二）顾客用餐的一般心理需求

1. 求食品及餐饮用具卫生洁净的心理　这是顾客起码的安全需求。所有顾客都希望吃到的食品符合卫生要求，饮用的酒水符合卫生标准，无假冒伪劣，无过期；餐饮用具已经经过严格的消毒，以防餐后身体不适，染上某种疾病。同时希望餐厅的防火、防盗等设施齐全，有人身安全保障。

2. 求食物合口味的心理　顾客所到餐厅，希望能提供符合自己口味习惯的餐饮。如北方客人喜食面食，而南方客人则爱吃大米；有的喜欢麻辣、香脆的食品，而有的喜欢酸甜、清淡的食品等。为此，餐厅应能提供品种齐全、多样化的饮食。

3. 求快的心理　顾客都希望餐厅能提供快捷而优质的各项服务。如一进餐厅就能很快入座，预订的菜品很快就可以品尝。希望自己在就餐中的一切要求均能得到服务员主动及时的服务。

4. 求知的心理　顾客就餐的同时，不仅希望自己能品尝到异域的风味佳肴，也更想知道一些异地餐饮知识，如风味佳肴的特点、菜名的来历、制作方法等，以满足自己求新求知的愿望。

5. 求雅静的心理　大多数客人都希望在优雅、干净的环境就餐。在用餐的过程中欣赏那些高雅的环境格调、书法字画及轻松欢快的音乐等，有一个安静而舒适的就餐气氛。

6. 求尊重的心理　顾客希望自己能得到服务员热情周到的服务，是一个受服务员欢迎和尊重的客人，而不希望受到冷落。

二、不同就餐心理与针对服务

（一）不同年龄顾客的就餐心理与针对性服务

1. 少年儿童　味觉感官发育尚不全，对味道过浓、过重及酸辣的菜品感觉刺激，往往适合清淡、鲜嫩且易消化的食品。就餐心理趋向于速度要快，菜品色、香、味、形突出，花样品种要多。为此，服务时要上菜快，保证他们能吃到每样菜品，以满足他们好奇、求新的心理。

2. 中青年　他们对食品的接受与适应能力强，对油腻、味重、辛辣的食品也能接受。就餐时偏重菜品特色及综合服务质量的选择。全家聚餐时，服务员可向成年人要求点菜，以显示其孝敬、慈爱的心理。菜品选择应偏向老人及儿童。服务员应小声和成年人结账，以免引起老人的“责怪”。

3. 老年人　消化能力及牙齿功能下降，喜欢松软、轻油且易消化的食品。他们就餐往往有怀旧心理、求实心理、求廉心理及求保健心理等心理特征。为他们服务时要介绍一些松软且易消化、风味特色较突出的菜肴，并随时耐心、周到地了解他们的特殊需要。

（二）不同职业顾客的就餐心理与针对性服务

1. 体力劳动者　他们一般表现为求实、求廉、求快的就餐心理特征。服务员不要催促他们点菜，让他们自己提出要求，满意而归。

2. 脑力劳动者　他们就餐时往往有要求多、建议多的特点，有希望能受到尊重、体现个性和实现自我的心理需求。服务时应认真倾听他们的意见，耐心加以解释，充分尊重他们，减少他们的不满情绪。

（三）不同目的顾客的就餐心理与针对服务

顾客就餐目的多种多样，餐厅服务员应采取不同的方式，提供真诚、周到的服务，最终达到一个目的——让顾客高兴而来，满意而归。

1. 匆忙的顾客　服务员可为他们介绍一些可以较快供应的食品，迅速上菜，为顾客节省时间。

2. 品尝风味的顾客　对这类顾客要介绍一些正宗风味的菜品，并介绍其制作特点，让顾客满意。

3. 改善生活的顾客　服务时注意他们对菜品的风味与质量的要求。

4. 节食的顾客　服务员应了解每道菜的成分、用料以及是否适合节食，给客人推荐适当的替代菜。

5. 宴请的顾客　为显示主人的热情、友好，服务时应注意菜品的规格与就餐气氛。

6. 旅游的顾客　为满足客人求新求奇的心理，服务时应介绍特色菜，并做到有问必答，耐心、热情地服务。

7. 保健的顾客　服务时应了解基本的保健知识和搭配知识，根据顾客的需求，为顾客提供服务。

8. 约会的顾客　服务中不能影响顾客的约会氛围、不催促顾客，并帮助选择特色菜，注意菜肴质量。

9. 聚餐的客人　服务时不能影响顾客的热烈气氛。

总之，餐厅服务员一定要有敏锐的观察能力，通过观察顾客的身体姿态、步态、眼神及面部表情以及与顾客对话，能看出顾客没有说出的就餐心理需求，从而更好地做到主动服务与针对性服务。

第三章 餐厅服务安全与卫生知识

第一节 餐厅服务安全知识

安全重于泰山，餐厅安全千万不可忽视。优秀的餐厅服务员，也是宾客就餐的保安员。为此须了解掌握防火、防偷盗、防爆炸及防意外事故发生的有关常识，搞好预防，避免损失。

一、防火常识

（一）餐厅防火措施

1. 加强对员工消防安全的宣传教育，增强消防安全意识。能认识中国消防安全标志，能正确使用日常消防器具，经常检查消防器材是否失效。

2. 收台时将烟灰单独湿灭，倒入专用的设施内。随时检查餐厅里有无尚未熄灭的烟头、火柴等。

3. 易爆、易燃等危险品应远离火源。酒精、打火机、火柴等应远离电源插座或炉具。切勿靠近火源抽烟。

4. 经常检查电器设备及线路。发现电线老化或绝缘体破裂、插座头损坏或过载冒烟时，应迅速切断电源。

5. 严禁在电器设备、电闸周围堆放易燃易爆物品。沾染油污的纸屑、抹布要随时清除。炉灶应经常清除油垢，以免火花飞溅时发生意外。

6. 燃气钢瓶不得靠近电源插座和电气线路，也不得横放，经常用肥皂水检查管线及接头处是否漏气。

7. 每日工作结束前，应有专人关闭电源及燃气热源等开关。

（二）出现火情的处理

1. 若局部发生火情，应马上切断气源、电源及热源，熄灭一切明火。

2. 立即报告主管领导，是否报警由餐厅领导根据火情大小作出决定。

3. 一旦发生火灾，要保持沉着冷静，一边呼唤附近的同事援助，一边通知电话总机、消防中心，准确报告火灾地点。尽快疏散离火灾最近的和老弱病残孕的顾客。疏散时严禁使用电梯，也不准被疏散到安全地带的顾客再返回取物。如火大烟浓，应让顾客用湿毛巾将口、鼻掩住。

4. 火熄灭后，各岗位服务人员应保护好本岗位的重要资料，如票据和贵重物品等，保护企业财产，维护好餐厅秩序。

二、防盗常识

（一）防范措施

1. 严把员工录用关，并经常进行教育和实施严格的奖惩措施。

2. 检查门窗有无破损及脱落的情况，并及时找人维修。

3. 店内店外要有充足的照明。

4. 严控餐厅钥匙的数量（持有人只能是经理、副经理、开店及打烊的人员），并建立钥匙记录簿。如太多无法控制时，应马上换锁。

5. 明令规定贵重物品严禁带入餐厅，必要时，交由柜台保管。

6. 严禁衣冠不整者、精神病患者、乞讨者和兜售商品者等非正常就餐者入厅。

（二）规范要求

1. 就餐中，服务员应时常提醒客人看管好自己携带的物品，并摆放在远离通道的餐台内侧。

2. 客人离开时，提醒客人带好随身物品。收台时，先检查现场有无遗留物，如有应及时上报、上交，并尽快归还失主。

3. 对进入餐厅寻找客人的人一定要有服务员陪

伴而行。

4. 打烊关门前，应确定所有顾客都已离开餐厅，关好门窗，员工要结伴离去。

5. 发现被盗应立刻报警，保护好事故发生现场，并积极配合破案。

三、防爆常识

1. 服务中的防爆　在餐厅服务中，对易燃易爆物品应格外小心，科学使用。如为宾客开启酒瓶时，眼睛不要直视瓶口，要形成45°角，以防发生意外。同时，酒水要先进先出，避免遇热膨胀、压力过大而发生意外。

2. 设施设备防爆　电器设备在潮湿环境中要特别注意绝缘，应经常检查电器电源及线路有无外皮脱落和老化现象，以免长时间使用造成高温而引发短路，发生易燃物着火或爆炸等危险。液化气要与明火隔离，每次用毕，必须关掉已开的所有阀门，经常用肥皂水检查有无漏气现象。不允许将即将用完的气瓶横卧或将其坐入热水盆中浸泡，一旦瓶底有漏眼，与明火接触，极易引起爆炸。易燃易爆物品，如酒精、液化气要远离明火。油脂过厚的地方要及时清洗除垢，杜绝隐患。

四、防意外事故发生常识

一旦发生意外，首先要镇静，二要采取有效措施，三要向领导汇报，四要及时妥善地处理。

1. 防滑防摔　如遇下雨、下雪天气，门前应置放警示牌，通道上铺上胶皮等防滑物品。做到液体溢出，迅速擦干；有阻碍物或掉了东西应立即撤走或捡起来；及时保持地板清洁和干燥等以预防滑倒、摔倒。

2. 防烫伤　切勿未点燃就开液化气灶，在开气灶前，须注意火苗是否已点着。对沸水、热汤、火锅、铁板菜肴，以及在餐桌上烧热油、热汁的菜肴，上菜时一定要端平走稳，并向客人打招呼，以免烫伤。做到服务时语言先到，提醒客人，菜肴随后送上。

3. 防割伤　使用刀时，必须使用切板，思想要集中，切东西时刀口向外，不能对着身体，使用后应妥善放好，切勿留在水槽里。

4. 儿童安全　不要与宾客的小孩过分亲昵、逗耍或将其带离父母视线以外的地方。如果发现儿童乱跑、乱跳或玩火、玩水、玩电，要立刻规劝，并告诉宾客看管好自己的孩子，以免意外事故的发生。

5. 打架斗殴的客人　遇有在餐厅内打架斗殴的，应立即保护现场，并将刀、酒瓶等危险物品迅速撤掉。收银员要坚守岗位，立即与保安联系，通知餐厅领导，情节严重的立即拨打110。

6. 晚餐期间突然停电　服务员遇此情况，首先要镇静，不要慌，并安慰客人也不要慌，不要乱走动，向客人作好解释工作；立刻开启应急灯或取来蜡烛等照明用具，为客人照明，避免由于混乱而给客人或餐厅带来损失。

第二节 餐厅服务卫生知识

卫生是宾客就餐的起码要求。服务人员以整洁卫生的形象为宾客提供卫生清洁的食品，以及优雅清新的就餐环境，是优质服务的首要条件。

一、食品卫生

（一）食品卫生基本要求

做到食品卫生“五四制”：

1. 从原料到成品实行“四不制度” 即采购员不买腐烂变质的原料；加工人员（厨师）不用腐烂变质的原料；服务人员不卖腐烂变质的食品；零售单位（传菜员）不收（不上）腐烂变质的食品，不用手拿食品，不用废纸、污纸包装食品。

2. 食物（成品）存放实行“四隔离” 即生与熟隔离；成品与半成品隔离；食品与杂物、药物隔离；食品与降温用天然冰隔离。

3. 餐饮用具实行“四过关” 即一洗，二刷，三冲，四消毒（用蒸汽、开水或电子消毒等）。

4. 环境卫生采取“四定”办法 即定人、定物、定时间、定质量。划片包干，各负其责。

5. 个人卫生做到“四勤” 即勤洗手、剪指甲；勤洗澡、理发；勤洗衣服、被褥；勤换工作服。

（二）食品卫生标准

分为国家标准、行业标准、地方标准和企业标准四个等级。国家卫生标准分感官指标、微生物指标和理化指标。这三项指标是正常检验食品，判别卫生合格与否的依据。

1. 感官指标　即通过人的眼、鼻、舌、手等器官，对食品本身固有的色、香、味、形等方面进行简单灵便的检查，此法对食品的腐败变质、发霉、生虫、油脂酸败、混有异物、掺杂掺假等异常情况，具有方便、灵活、快捷判断的特点。

2. 微生物指标　它是评价食品卫生质量优劣及对人体健康危害程度的重要指标之一。它可以通过微生物化验，统计出某一种食品的细菌、大肠菌群等致病菌总数，以防指数超标而危害人体健康。

3. 理化指标　它是对食品来源，如粮食中的农药残留、黄曲霉素、重金属等对食品安全质量影响的各种因素所进行的理化分析检验。我国卫生标准对各种食品化学污染物和食品添加剂含量提出了严格的要求。

（三）食品鉴别常识

1. 过期食品的鉴别　可根据食品标志是否清晰、完整，有无生产日期，是否在保质期内等，进行鉴别；或者通过感官判断食品在色、香、味方面有无异常；也可通过实验室检验食品的营养成分与卫生指标是否超标。

2. 假冒伪劣食品的鉴别　目前，在食品中掺假、掺杂及伪造食品屡禁不止，如何鉴别真伪尤为重要。对一般假冒伪劣食品的鉴别，往往通过感官检查及实验室检验来进行鉴别，而对特殊伪劣食品主要依据其理化性质来鉴定，必要时可向工商人员或质监人员等专业人士请教。

3. 腐败食品的鉴别　主要从食品的色、香、味、形方面观察，有无与正常（新鲜）食品异常的地方来加以鉴别，其次进行食品微生物及理化指标的检验。

（四）预防食物中毒常识

食物中毒指由于摄入了含有生物性、化学性以及有毒有害物质的食品，或者将有毒有害物质当成食品摄入后出现的非传染性疾病。

1. 食物中毒的种类　根据食物中毒的病源可分四类：

一是微生物食物中毒。其位于食物中毒之首，污染源主要来自家禽、蛋、乳制品及同类制品中的致病微生物。

二是化学食物中毒。以亚硝酸盐中毒为多。

三是有毒动植物食物中毒。常见于扁豆中毒、鲜黄花食物中毒、发芽土豆中毒及河豚中毒等。

四是不明原因食物中毒。

2. 食物中毒特点　在相近时间内均食用过某种共同的食品，病情急剧发作，出现同类发病症状，不存在连续发病和人与人之间的直接传染。

3. 预防措施　培养员工的卫生意识，强化规范化管理。做到定期组织体检和食品卫生知识培训，先体检合格、持健康证和培训合格证再上岗；严把进货质量关，变质过期的食品原料不能进店；严格执行生与熟、成品与半成品分开存放，分开加工，防止交叉污染；坚持勤进快销，先进先出的售货原则；坚持冷菜、凉拌菜、冷饮等直接入口的食品在冷菜间进行加工处理，做到专人、专室、专工具、专消毒、专冷藏；食品须烧熟煮透，如扁豆要炒熟、焖透。熟肉制品出锅要摊开凉透后入冰箱冷藏。

二、个人卫生

服务员个人卫生是餐厅卫生的一面“镜子”，餐厅的每一位员工，都应有卫生意识，养成良好的卫生习惯。

1. 定期体检　新聘员工上岗前都须进行严格的身体检查，合格并取得健康证后才能上岗。其他员工也必须定期检查身体并自觉接受卫生知识培训。患有皮肤病或手部有创伤、脓肿者，以及患有传染性疾病的不能从事餐厅服务业。

2. 卫生要求　做到“四勤”，并对照仪容、仪表要求时刻检查自己。勤洗手，并坚持正确的洗手程序，使用专用毛巾擦干，保持双手卫生；头发要经常清洗和剪理，杜绝在处理食物的场地或在为客人服务的场合梳理头发；注意口腔卫生，养成勤刷牙，勤漱口的习惯；上岗前不吃大蒜、韭菜等异味食物和饮酒；工作时，注意公共卫生，不吸烟、嚼口香糖；不在离食品近的地方及宾客面前咳嗽、打喷嚏，否则须用手帕（餐巾纸）掩住口鼻，并转身背向宾客；不随地吐痰，不乱丢纸屑、烟头等杂物；保持餐厅干净、卫生。

3. 卫生操作　餐厅服务员要养成文明卫生的操作习惯。要求做到：手指不可直接触到食物及客人入口的部位（如碰触杯口、刀尖、筷子前端及汤匙盛汤部分）；使用干净的托盘为客人服务，如筷子要带筷套放在托盘里送给客人，小勺要拿勺把，刀叉要拿柄部；掉落地面的餐具必须重新更换干净的；有破损的餐具要立即更换；服务操作时动作要轻；出售的食品，要进行最后一道“关”的感官检查，不符合卫生要求的，应立即调换；对有传染病的客人使用过的餐具，要单独存放、清洗，及时做好消毒工作；消毒的餐巾、餐纸在专台折叠；台布要一餐一换，小毛巾要一用一消毒。

三、环境卫生

为宾客提供清洁、卫生、优雅的就餐环境是服务人员义不容辞的职责，主要包括：

1. 餐厅卫生　地面要天天清扫，定期打蜡上光等，如地面铺地毯，每天应吸尘 2～3 次，保证地面干净无污迹；墙壁及天花板要定期用清水擦拭保洁；门窗玻璃要经常擦拭，保持干净明亮；灯具及各种装饰品要定期擦拭、清扫，确保清洁美观；餐具应无尘、无油、无垢，放置整齐。

2．服务工具准备齐全，摆放规范　各种服务用具应清洁、消毒干净、放置规范。如调味品每餐前应擦拭干净，调味瓶不能有渍印，花瓶中的水要定期更换，酱油、醋要每日更换。

3．餐厅公共区卫生　楼道、走廊、卫生间应勤冲洗、勤打扫，保持无异味。餐厅内应无苍蝇、无老鼠、无蟑螂。

第三节　餐具清洗消毒及保养常识

餐具的清洗、消毒及存放保养对宾客的身体健康有着十分重要的意义。

一、餐具洗涤

1．手工清洗　清洁程序做到一刮、二洗、三冲、四消毒。刮，即刮掉残渣；洗，必要时使用符合卫生质量标准的洗涤剂洗去油污；冲，即用清水冲洗干净；消毒，即根据不同物品选用适当的消毒方法。清洗时要刮、洗、冲“三池分开”。

2．洗碗机洗

（1）清洗前要除去所有餐具的残留物，并注意小件餐具，以免与杂物混在一起倒入垃圾桶。

（2）上机前，预先清洗一次。

(3) 装筐架时，应按不同种类、大小的餐具分类合理放置，将需清洗的碗、杯子倒扣过来，在单独的机层清洗银餐具，检查餐具是否超量。

(4) 将水放入机内，检查消毒剂放入情况。

(5) 检查水温，洗涤时不得低于60℃，消毒时，不低于82℃。

(6) 待餐具干燥后贮放在干净的贮存柜中，并注意卸架时，不接触各种餐具的客人触口部位。

(7) 工作结束后，应关掉电源、水源、蒸汽源的开关。

二、餐具的消毒

1. 煮沸消毒法　将餐、酒具装入容器中煮沸15～30分钟即可。一般瓷器多用此法。

2. 蒸汽消毒法　将餐、酒具冲洗干净，放置在密封的蒸锅里蒸15～30分钟即可。此法适用于玻璃器皿。

3. 化学消毒法　将餐、酒具放入已配制好的溶液中，常用漂白粉、高锰酸钾等，浸泡5分钟以上(不需用太热的水)，之后用清水冲洗干净。

4. 电子消毒法　将餐、酒具放入电子消毒柜内进行物理消毒，目前，大多餐厅采用此法消毒。

三、餐具的保养

1. 瓷器类　清洗消毒后应按种类、规格和型号分类存放。搬运时要装稳托平，轻拿轻放。收餐具时按大小分档叠放，注意叠置不能过高，以防倾倒碰碎。

2. 银器餐具类　银器餐具是餐厅的贵重餐具。用后应立即洗涤、消毒，妥善保管。银器餐具长期不用，颜色会变黑，要定期进行彻底擦洗。其方法是：将银器餐具浸水，然后用纯棉布沾上银粉、银膏揩擦污渍，晾干后擦亮并消毒，并用消毒过的抹布擦干、擦亮。

3. 玻璃器皿类　对餐厅常用的水杯、酒杯用后先用冷水浸泡，再用洗涤液洗刷，清水冲净消毒，最后用消毒过的抹布包裹住，擦干水渍，确保透明光亮，无水痕和手纹。放置时要杯口朝下，并按品种、规格分类排列。搬运时要轻拿轻放，严禁重压和碰撞，以免破损。

4. 布件类　对餐厅中的台布、餐巾、各种毛巾、窗帘和椅套等应及时清洗并妥善保管。每餐换下的台布、餐布要及时清点送洗涤间。严禁将台布作包裹使用，或潮湿台布堆叠在一起，以及台布、餐巾里夹杂残羹剩饭不清理的情况发生。布件存放前应清净、熨烫、晾干再收入通风干燥的箱柜里，做到交替轮换使用。

5. 筷子　客人使用后要立即洗涤、消毒，并用消毒过的抹布擦干后装入卫生筷套。

第四章 菜品及酒水知识

第一节　菜品知识

餐厅服务员为更好地向顾客介绍菜品，必须了解菜品基本知识。

一、中国菜系简介

中国菜因具有选料讲究、刀工精细、配料巧妙以及烹调方法多样、精于运用火候等特点而举世闻名。由公认的四大菜系细分、发展为八大菜系，其分别是：

1. 鲁菜　山东菜肴简称鲁菜，是由济南和胶东两大地方风味菜肴构成。济南菜调制出的清汤色清而鲜、奶汤色白而醇。胶东菜主要以烹调海鲜见长，味清淡，注重保持主料的鲜味。鲁菜的主要特点是选料考究，刀工精细，精于制汤，善用葱、姜，味清淡，花色多样，注重实惠。

其代表菜有：糖醋鲤鱼、油焖大虾、九转大肠、锅塌豆腐等。

2. 川菜　川菜即四川菜，以味多、广、厚著称，并有“一菜一格，百菜百味”的美称。川菜主要由成都菜和重庆菜组成，其特点是选料严谨，刀工精细，烹调讲究，注重调味，花色多样，地方色彩浓厚。

其代表菜有：回锅肉、麻婆豆腐、怪味鸡、鱼香肉丝等。

3. 苏菜　苏菜即江苏菜，主要由淮阳菜、苏州菜和南京菜组成。江苏菜制作精细，可分可合，注重火候，在口味上兼有四方之美，适应八方之味。其特点是选料严谨，制作精细，四季有别，因材施艺，重视调汤，保持原汁，浓而不腻，味感清鲜，并讲究造型。

其代表菜有：清蒸鲥鱼、叫花鸡、松鼠桂鱼、南京扒鸡等。

4. 粤菜　又称广东菜，包括广州菜、潮州菜、东江菜三个地方菜。其用料广泛新奇，以擅用蚝油、虾酱、沙茶酱和鱼露著称，制作方法融众家之长，独具一格。其特点是取料面广，刀工精细，用料丰富，烹调考究，花色多样。

其代表菜有：烤乳猪、白斩鸡、龙虎斗、狗肉煲等。

5. 浙菜　浙江菜系简称浙菜，是由杭州菜、宁菠菜、绍兴菜三方风味组成，其中又以杭州菜最负盛名。其特点是制作精细，变化多样，菜肴清鲜、爽脆，清雅精致。

其代表菜有：西湖醋鱼、龙井虾仁、三丝拌蛏、东坡肉等。

6. 闽菜　福建菜系简称闽菜，是由福州菜、厦门菜、泉州菜等地方菜组成，以福州菜为代表。原料多为海味品，其特点是刀工精巧、色彩绚丽、味鲜而清淡，略带酸甜。

其代表菜有：佛跳墙、鸡汤川海蚌、太极明虾、白汁石斑等。

7. 徽菜　安徽菜系简称徽菜，发源于安徽的徽州，以擅烹山珍、河鲜而著称。其特点是擅长炖、烧，菜肴重油、重色、重火候。

其代表菜有：软炸石鸡、雪冬烧山鸡、葫芦鸭子、蟹黄虾盅等。

8. 湘菜　湖南菜系简称湘菜，主要由湘江流域、洞庭湖区和湘西山区三个地方的风味组成。其特点是刀工精妙，形味兼备，技法多样，注重火煨，长于调味，以酸辣著称。

其代表菜有：东安子鸡、发丝百叶、黄焖鳝鱼、油淋子鸡等。

二、西餐菜品的主要特点

西餐是我国对西方国家（欧美各国）菜点的统称。英国菜、法国菜、美国菜、意大利菜、俄国菜等虽品种繁多，菜式不同，但在用料和烹调操作等方面有以下共同特点。

1. 取材丰富，用料考究　西餐取材有肉类、水产类、家禽类、果蔬类、乳品类、谷类多种类型，不同的菜肴选用不同标准、规格的原材料，以确保菜品质量。

2. 调料考究，品种多样　西餐的调料、香料品种繁多。烹制一份菜肴往往要使用多种香料和调料，有奶制品、酒及多种香辛药材和植物的叶、茎等，因而口味也更加香醇、浓郁。

3. 烹调方法独特　西餐的制作工艺较为复杂、细致。它们大多以份为单位，小量操作，惯于单份制作。如煎牛扒，限量煎制，现吃现煎，别有一番风味。

4. 烹饪注重营养价值　西餐都有一定的搭配规格，十分注意膳食中营养素的含量及菜品的营养结构，兼具人体所需的各种营养成分。

三、中餐与西餐的主要区别

1. 用餐方式不同　中餐在进餐时多围而食之，大家共同分享每道菜，而西餐注重个人饮食需求，自点自食。

2. 餐具有别　由于进餐方法有别，中西餐的餐具也不相同。中餐主要用筷子、汤勺，而西餐用品较多，很有讲究，主要餐具有刀、叉、匙，菜肴不同餐具也不相同。如主菜用主刀、叉；吃鱼用鱼刀、叉；

甜点使用甜品叉、勺。瓷器也要与菜品相匹配，主盘用 25 厘米的圆盘，甜点用 18 厘米的圆盘等。

3. 菜单结构不同　中餐菜单结构一般是 1 道冷菜、1 道汤、6～8 道热菜、4 样小吃及最后一道甜食；而西餐则是头盘、汤、沙拉、主菜、甜点。主要区别在于主菜上：西餐客人只能享用一道主菜，而中餐客人可以享用几道主菜。

4. 佐餐酒的区别　中餐多用烈性酒为佐餐酒，兼有啤酒、葡萄酒等，而西餐的佐餐酒仅仅是红、白葡萄酒等，并注意与食物的搭配。西餐进餐开胃酒在食用主菜之前，甜酒用在餐后，烈性酒则多单独饮用。

第二节　酒的基本知识

酒是一种用粮食、水果等含淀粉或糖的物质经发酵制成的含乙醇的饮料。其主要成分乙醇（即酒精）在酒液中的含量用百分数（%，V/V）表示。我国是世界上最早出现酿酒业的国家之一，其风格独特、品种齐全，在世界上独树一帜。

一、中国酒的分类

（一）按生产特点分类

1. 蒸馏酒　指原料经发酵后用蒸馏法制成的酒液。该类酒含酒精高（酒精含量不低于 20%），中国白酒大都属于该类。

2. 酿造酒 也称发酵原酒或压榨酒。指将原料发酵后进行直接提取或采用压榨取汁而得的酒液。该原汁发酵酒的酒精含量较低，通常不高于15%（V/V），且有不同程度的含糖量，如啤酒、黄酒、果酒等。

3. 配制酒 用白酒或食用酒精与一定比例的糖料、香料、药材等配制而成。酒精含量在22%（V/V）左右，一般不超过40%（V/V），如药酒、各种露酒等。

（二）按酒精浓度分类

1. 高度酒 酒精含量在40%（V/V）以上的均为高度酒，如白酒、曲酒等。

2. 中度酒 含酒精成分在20%～40%（V/V）之间的均为中度酒，如多数的配制酒。

3. 低度酒 含酒精成分在20%以下者为低度酒，如黄酒、啤酒、果酒等。

（三）按生产原料分类

1. 粮食酒 指以高粱、玉米、大麦、小麦和大米等粮食为原料而酿制的酒。

2. 非粮食酒 指以淀粉、水果或农副产品为原料而制成的酒。

（四）按酒的类别（或饮用习惯）分类

1. 白酒 它以高粱、玉米、大米等含有丰富淀粉的粮食产品为原料，经发酵、蒸馏而制成的高酒精度的液体，酒精含量一般在35%～65%（V/V）之间。具有无色透明、质地纯净、醇香郁烈，有溢香、留香之口感。根据其香气又可分为清香型、浓香型、酱香型、米香型和复香型五种。

我国著名品牌有：茅台酒（酱香型）、五粮液（浓香型）、汾酒（清香型）、剑南春（浓香型）、古井贡酒（浓香型）、泸州老窖特曲（浓香型）、董酒（复香型）、西凤酒（清香型）、全兴大曲（浓香型）等。

2. 黄酒　又称老酒、红酒，是我国的特产，它以谷物（主要以糯米和黍米）为原料，利用酒药曲（麦曲、红曲），经过特定的加工酿造而成的一种低酒精含量的原汁酒。酒精含量一般在12%～18%（V/V）之间。大多色泽金黄或黄中带红色，澄清透明有光泽。酒质醇厚幽香，浓郁芬芳，入口清爽，回味悠长。黄酒是我国最古老的酒种之一，富含氨基酸，既可饮用，也有药用功效。

著名品牌有：绍兴酒、福建龙岩缸酒、山东即墨老酒等。

3. 啤酒　它是以麦芽经糖化后加入酒花，由酵母菌发酵酿制成的一种低酒精含量饮料。酒精含量在3%～4.5%（V/V）之间，不同质量的啤酒，麦芽糖的含量不同，但一般在12%～25%（V/V）之间。它消热解渴，具有丰富的营养价值。

啤酒按其加工程序是否杀菌可分为生啤酒和熟啤酒；按其色泽可分为黄啤酒、白啤酒、黑啤酒；按其麦芽汁的浓度，可分为低浓度啤酒、中浓度啤酒和高浓度啤酒。

一般来说，优质啤酒的色泽清亮透明、不混浊，入杯后泡沫洁白细密，有明显的酒花香和麦芽清香，口感柔和、清爽并略带苦味。

著名品牌有：青岛啤酒等。

4. 果酒　它以含糖量较高的水果为主要原料，经压榨、发酵酿制而成。酒精含量一般在 15%（V/V）。果酒的种类很多，其中最具代表的是葡萄酒。其酒液清亮、无悬浮、无沉淀，果味醇正，酸甜适口，酒味醇香，无苦涩，口感好。

葡萄酒按含糖量可分为甜型葡萄酒、半甜型葡萄酒、半干型葡萄酒、干型葡萄酒。葡萄酒中葡萄原汁的含量决定了酒的质量，全汁葡萄酒又称高档葡萄酒。

另外，果酒还有苹果酒、猕猴桃酒、广柑酒、桑葚酒等。

著名品牌有：烟台红葡萄酒（甜型）、中国红葡萄酒（甜型）、青岛白葡萄酒等。

（五）配制酒

配制酒是以酒作基酒，加入中草药材泡制而成具有药用价值的酒。因用料及加入的药材不同，药用功效亦不一样。

配制酒酒液清澈，无杂质，酒性温和，药香醇厚，适量饮用有较好的滋补作用。

主要品牌有：竹叶青酒、五加皮酒等。

二、外国酒的分类

（一）根据制造方法不同分类

1. 蒸馏酒　通过蒸馏浓缩酒精，酒精含量通常在40%（V/V）以上，属烈性酒类。众多品牌中主要分为六大类：金酒、威士忌、白兰地、伏特加、朗姆酒、特吉拉酒。

2. 酿制酒　酒精含量较低，通常不超过20%（V/V），广义的酿制酒即指以葡萄汁发酵制成的葡萄酒。葡萄酒既是一种国际性酒种，也是全世界消费量最大的酒。主要分为四大类：佐餐酒、起泡酒、强化酒、芳香酒。

3. 配制酒　该类酒品种繁多，风格各异。常见有味美思、雪利酒、家酒、利口酒四种。

（二）根据配餐方式不同分类

1. 开胃酒　该类酒具有明显的开胃功能，主要在餐前饮用。分为味美思、茴香酒及比特酒三大类。

2. 佐餐酒　该类酒具有帮助消化，促进内分泌的作用，在进餐时饮用。常饮的有白葡萄酒、红葡萄酒、玫瑰葡萄酒等。

3. 餐后酒　餐后喝的甜酒是以蒸馏酒为基酒配制各种调香物，并经过甜化处理的酒精饮料。餐后饮用可帮助消化。分为植物类、食品类和果料类等三类。

（三）根据饮用方式不同分类

1. 烈酒　又称蒸馏酒。前面已作介绍。

2. 啤酒　含有丰富的营养成分，味美可口，营养丰富。

3. 葡萄酒　前面已作介绍。

4. 鸡尾酒　它是以烈性酒为基酒，加以辅料、配料和装饰物按一定配方组成的混合酒。因其具有醇香、圆润、协调的味觉，色、香、形俱佳，越来越受到人们的喜爱。

三、外国酒的特点

1. 配餐饮用　在西餐进餐中，不同时段饮用不同酒水，餐前饮开胃酒；进餐时饮佐餐酒；餐后饮餐后酒。而且不同菜肴配饮不同酒水，如在吃海鲜、蔬菜、甜点时饮白葡萄酒；吃烤鸡、肉类时饮红葡萄酒，但玫瑰红葡萄酒可与任何食物搭配。

2. 饮用前再次调制　如鸡尾酒，它是由两种以上原料调制的混合饮料。除此外，许多外国酒在饮用前都需调制，如威士忌加冰块、加水或加苏打水，朗姆酒加可乐等。

3. 陈酿　以白兰地为例，其贮藏时间很长，且越久质量越好，酒价越昂贵。其在装瓶出售时，在瓶身或酒标上常标有不同的符号，用“★★★”表示3～5年陈酿；“V·O”表示10～12年陈酿；“V·S·O”表示12～20年陈酿；“V·S·O·P”表示20～30年陈酿；“X·O”表示40年陈酿。

威士忌一般贮存8年以上，贮存15～20年的为优质成品酒，如超过20年质量反而下降。

4. 保管与贮藏要求 外国酒非常注重保管及贮藏方式，并根据酒的特点进行选择。如白葡萄酒、香槟酒应存于低温酒库；红葡萄酒应置于避光库中，且搬运时不宜摇晃；凡用软木塞封瓶的酒，均要平放或倒置存放，避免木塞干燥，使软木塞能被酒液浸淘膨胀，从而达到酒与空气的隔绝。蒸馏酒类应竖直存放，便于瓶内酒液挥发，以达到改善酒质的目的。

第三节 软饮料的基本知识

软饮料即不含酒精的饮料。如茶、咖啡、可可、鲜奶、矿泉水、果汁、蔬菜汁、汽水、苏打水等。它们已为许多国家和地区的人们所喜爱。

一、茶

它与咖啡、可可统称为世界三大饮料，是人们普遍喜爱的有益饮料。茶叶有提神清心、生津止渴、消食化痰、降火明目、利尿排毒、补充营养等功效。我国是茶的发源地，也是茶的故乡。其茶叶种类繁多，按加工制造方法的不同和品质上的差异，分为绿茶、红茶、乌龙茶、白茶、黄茶和黑茶六大类；按茶叶再加工的技术不同分为花茶、紧压茶、萃取茶、果叶茶、药用保健茶和茶饮料等。

1. 绿茶 绿茶是不经发酵而制成的茶。因其叶底、汤色呈绿色而得名。它是最早出现的一种茶类。

冲泡后，汤色碧绿清澈，其味清香鲜醇。著名绿茶有：西湖龙井、黄山毛峰、碧螺春、君山银针等。

2. 红茶　红茶是一种经发酵制成的茶。因汤红、叶红而得名。它是当今世界产量最多、销量最大的一种茶类，在我国出口茶中名列前茅。冲泡后茶色浓艳，味醇厚，香气纯正持久。

著名红茶有：祁红、滇红、川红、宁红等。

3. 乌龙茶　又称青茶，是一种半发酵茶。它综合了红茶与绿茶的加工技术，使叶片中心为绿色，边缘为红色，是各类茶中加工方法最为精巧的一种。该茶香气馥郁，耐冲泡，既有红茶的甜醇与绿茶的鲜香，又具有解脂肪、助消化、瘦身健美之功效。

根据茶树品种可分为：乌龙、铁观音、大红袍、水仙等。

4. 花茶　又称香片，是一种经过花香熏制而成的茶。既有茶香风味，又带鲜花芬芳。冲泡后茶汤清亮，香味浓郁。所用香花种类较多，主要有茉莉、玉兰、桂花、玫瑰等。主产地为福建、浙江、四川等。

5. 黄茶　经闷堆致黄而得名。可分为黄芽、黄小和黄大茶三类。

6. 白茶　白茶是一种不发酵，也不经揉捻的特种茶。其茶叶茶芽完整、密披白毫，色泽银绿，冲泡后汤色浅淡，带杏黄色，滋味甘醇。

著名白茶有：银针白毫、白牡丹等。

7. 黑茶　因发酵的时间较长，成为黑褐色。分为湖南黑茶、湖北黑茶（老青茶）、四川边茶和滇贵黑茶四种。

8. 雪茶　雪茶是西藏特产，生于雪山之上，是植物和菌类共生的高级茶品。具有解毒消火、提神醒目之药用及健身的功效，冲泡后汤色晶黄透绿。

表 4-1　主要茶叶识别表

	类别	茶名	外形	汤色	汤味	特性	冲泡温度
不发酵茶	绿茶	龙井	剑片状（绿色带白毫）	黄绿色	有茶香、甘味、清香、鲜醇	主要品尝茶的新鲜口感，富含维生素C	70℃
半发酵茶	乌龙茶或青茶	青茶	自然弯曲（深绿色）	金黄色	有花香，清新爽口	入口清香，漂逸，偏重于口鼻之感受	85℃
		茉莉花茶	细（碎）条状（黄绿色）	蜜黄色	茉莉花香扑鼻，茶味不损	以花香烘托茶味，易为一般人接受	80℃
		冻顶茶	半球状卷曲（绿色）	金黄色至褐色	口感甘醇，香味、喉韵兼具	从偏于口鼻之感受，转为香味、喉韵并重	95℃
		铁观音	球状卷曲（绿中带褐）	褐色	有果实香，甘滑厚重，略带果酸味	口味浓郁持重，有厚重老成之气质	95℃
		白毫乌龙	自然弯曲（红、白、黄三色相间）	琥珀色	有熟果香，口感甘润，具有敛性	外形、汤色皆美，饮之温润，有“东方美人”之称	85℃
全发酵茶	红茶		细（碎）条状（黑褐色）	朱红色	具有芽糖香，加工后新生口味多	口味随和，冷饮、热饮、调味、纯饮皆可	90℃

9. 紧压茶　又称边销茶，是一种加工复制茶。将散茶经蒸制后放入模具加压制成一定形状，便于运输和储藏。冲泡后味浓泼辣，且经久耐泡。主要制品有青砖、普洱茶、沱茶等。

主要茶叶的识别见表4—1。

二、咖啡、可可

1. 咖啡　咖啡的营养价值较高，具有消除疲劳、振奋精神、除湿利尿等功效，是很多人喜爱的饮料。由于原汁咖啡很苦，人们饮用时常配淡奶或鲜奶、糖。常见的两种是：

（1）速溶咖啡。它是将已加工成半成品的咖啡用开水冲沏后即可溶解并饮用。冲泡的水温以90℃为宜。

（2）冲煮咖啡。它是将咖啡放入容器煮沸后，经过滤器滤后或沉淀后提取澄清液饮用。现场煮制的咖啡香味更浓。

2. 可可　产于美洲热带，它含有多种营养成分，可可粉既可食用，也可供药用，有强心、利尿的功效。可可香味浓郁，加糖后即可冲饮。

三、其他软饮料

1. 矿泉水　矿泉水是从岩石中浸出的含有多种矿物质的、无污染的清泉水。因富含人体所需的矿物质等，受到现代社会人们的喜爱。世界上著名矿泉水有法国依云矿泉水和巴黎矿泉水。

2. 乳制品饮料　乳制品饮料是以牛乳或乳制品

为主要原料经加工处理制成的饮料。因鲜奶含有丰富的蛋白质、脂肪、乳糖、维生素等，深受大家喜爱。乳制品饮料一般分为乳饮料、发酵饮料和乳酸菌饮料三大类。

3. 果汁饮料　果汁饮料是以水果为主要原料经压榨制成的饮料，含有丰富的矿物质及维生素等，其色鲜艳、口味宜人。可分为原果汁饮料、部分果汁饮料、果浆饮料、果粒饮料和浓缩果汁饮料等。常见有：柠檬汁、芒果汁、椰子汁、广柑汁等。

4. 蔬菜汁饮料　它是以新鲜、无污染蔬菜为原料经压榨制成的饮料。蔬菜汁营养丰富，有医疗作用，尤其适合婴、幼儿及老人饮用。常见的有番茄汁、胡萝卜汁等。

5. 汽水　汽水是一种含二氧化碳气体的清凉饮料。主要有果味型、果汁型和可乐型三种。常见的有可口可乐、百事可乐、健力宝、雪碧等。

第五章
餐巾折花

第一节 餐巾花的种类、选择与摆放艺术

餐巾，又名口布、茶巾，是一种规格为边长 45～65 厘米的正方形布巾。基本色泽为白色，根据餐厅和宾客需要，还有粉红、大红、鹅黄、浅绿、浅蓝、咖啡等颜色的餐巾。餐巾已在餐厅服务中广泛使用，成为餐厅不可缺少的既有欣赏性又有实用性的一种摆设。

一、餐巾的作用

1. 主要用于客人擦嘴并防止汤汁、酒水弄脏衣服，起保洁作用。

2. 装饰美化桌面，供客人餐前欣赏。

3. 造型各异，颇具内涵，融

入待人接物之道。

二、餐巾花造型种类

1. 按摆放方式不同可分

(1) 杯花 将折好的花型放入酒杯或水杯中，出杯花形即散，一般用于中餐宴会。

(2) 盘花 将折好的花型置于盘中或桌面餐位上，常用于便餐、西餐、茶市等。盘花简洁大方，美观适用，成为餐巾花的发展趋势。

2. 按外观造型可分

(1) 植物类 根据植物的形态折叠的花型，如荷花、水仙、雨后春笋等。

(2) 动物类 以禽类为主，昆虫、鱼类为辅，取其特征、形态逼真的花型，如孔雀、蝴蝶、金鱼等。

(3) 实物类 模仿日常生活中的各类实物形态折制而成，如僧帽、和服、蜡烛等。

三、餐巾花造型选择

花型的选择，一般应根据宴会的性质、规模，冷菜的名称，季节时令，来宾的风俗习惯、宗教信仰，宾主座位的安排等方面因素来考虑。好的花型不仅能增加视觉效果，还可以活跃餐厅气氛。

1. 根据宴会的主题选择花型 应突出宴会主题，渲染宴会气氛，如花鸟迎宾、友谊花篮、花好月圆等富有寓意的台面。

2. 根据宴请的目的与宴请对象选择花型 如主宾位可折花篮，儿童位前可折各种动物，婚宴可折鲜花、鸟类等。

3. 根据主宾、主人席位选择花型 宴会主宾、主人席位上的餐巾花称为主花，应选择品种较名贵、叠工精细、美观醒目的花型，使宴会的主宾、主人席位更加突出。

4. 根据季节选择花型 如在夏天多选用一些荷花、玉兰花、石竹花，冬季可选冬笋、仙人掌、梅花等花型。

5. 根据台面名称选择花型 如金鱼席可折活泼的金鱼花，蝴蝶席可折缤纷的蝴蝶花等。

第二节 餐巾折花的基本技法

一、餐巾折花的基本要求

1. 操作前应洗手、消毒。

2. 在消毒的托盘或餐盘中操作。

3. 操作时不允许用牙咬、嘴叼。

4. 放花入杯，手指不允许接触杯口，杯身不允许留下指纹、汗渍。

二、餐巾折花的基本手法

1. 折叠 折叠是餐巾折花的基本手法，几乎所有花型都将使用。一般的叠法有：将餐巾一折二、二折四或三角形、长方形、梯形等。在叠的时候，对准角度一次成功，否则会影响花型的挺拔效果。

2. 推折　推折是打折时运用的一种手法。推折时，用双手的拇指、食指分别捏住餐巾两头的第一个折裥，中指按住餐巾，控制好下一个折裥的距离，然后拇指、食指的指面握紧餐巾向前推折至中指处，然后中指又腾出去控制下一个折裥的距离，这样三指互相配合，推折出的折裥均匀整齐、距离相等。

3. 卷筒　这是将餐巾卷成圆筒形并制出各种花形的手法。一般分为直卷和斜角卷两种。直卷要求两手用力均匀，平行卷动，餐巾两头形状一样。斜角卷要求两手能按所卷角度的大小，互相配合卷。

4. 翻拉　在折餐巾的过程中，将餐巾折、卷后的部位翻或拉成所需花样，如将餐巾的巾角从前面往后面翻拉，从里面向外面翻拉。

5. 捏头　主要是做动物头型使用的方法。用右手的拇指、食指将餐巾巾角的上端拉挺，然后用食指将巾角尖端向里压下，再用中指与拇指将压下的巾角捏紧成型。

三、餐巾折花图解

1. 杯花类，如图 5-1 至图 5-10 所示。

2. 盘花类，如图 5-11 至图 5-20 所示。

四、餐巾花摆放的艺术性与协调性

1. 主花突出　主花是指摆在宴会主宾、主人席位上的花，花型较高，挺括，折叠精细。

2. 餐巾花的摆插应高低均匀，错落有致，对称摆放　同桌摆放不同种类的花型时要位置适当，将形状相似的花型错开并对称摆放。

3. 插餐巾花，要将观察面朝向宾客　宜正面观赏的，要将其正面朝向宾客（如孔雀开屏、白鹤展翅、蝴蝶等）；宜侧面观赏的，要将最佳观赏面朝向宾客。

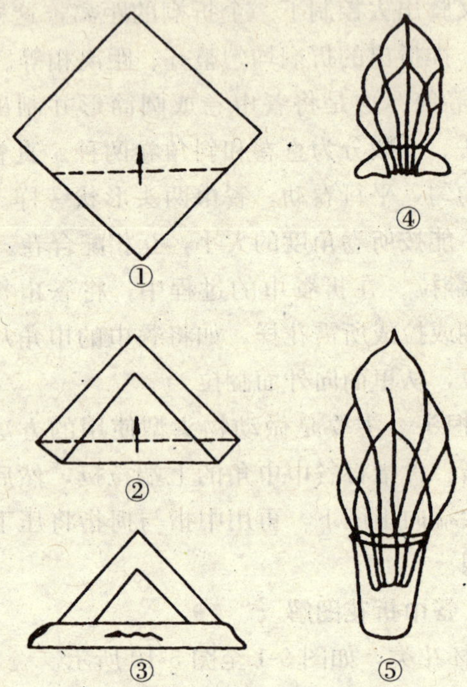

图 5-1　一片叶

①将底角向上折 1/3 左右；

②将折后的底边再向上折过中线；

③在底边处从中间向两边均匀捏折；

④将余下的两边角向后包住底部；

⑤放入杯中，整理成型。

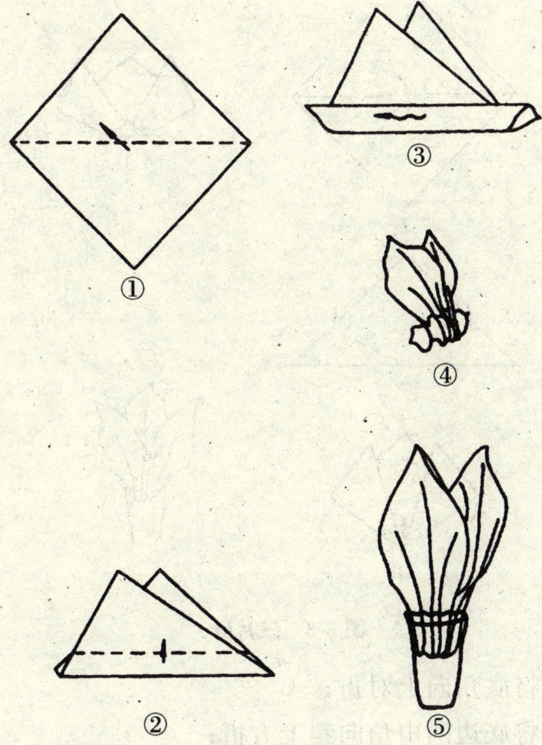

图 5-2 两片叶

①将底角向斜上方对折；

②将底边向上折 1/4 左右；

③从中间向两边均匀捏折；

④将余下的巾角包住背面；

⑤放入杯中，整理成型。

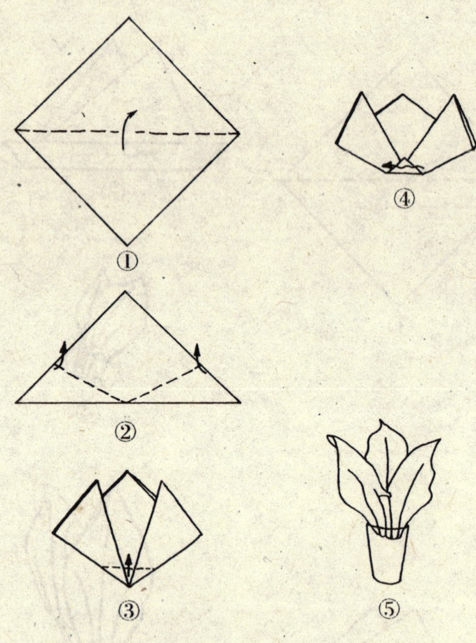

图 5-3 三片叶

①将底角向上对折；

②将底边两巾角向斜上方折；

③将底角向上折 1/3 左右；

④在底边处从中间向两边均匀捏折；

⑤放入杯中，整理成型。

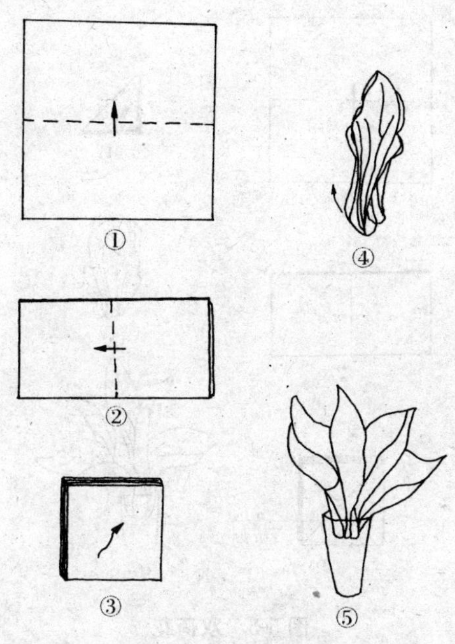

图 5-4 单荷花

①将底边向上对折，与顶边对齐；

②从右向左对折；

③按曲线指示方向从中间向两边均匀对捏折；

④将底角折上 1/3 左右；

⑤放入杯中，打开四巾角，整理成型。

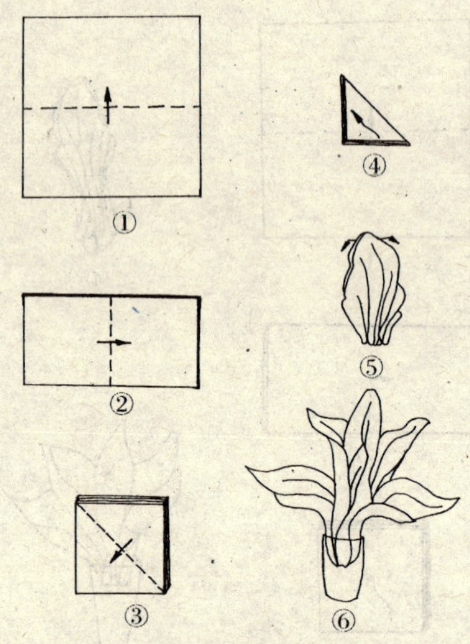

图 5-5 **双荷花**

①将底边向上对折，与顶边对齐；

②从左向右对折；

③将第一、二层巾角一起向下折；背面的两层巾角，从背面同样下折；

④按曲线指示方向从中间向两边均匀捏折；

⑤分别将两个巾角向外翻开；

⑥放入杯中，整理成型。

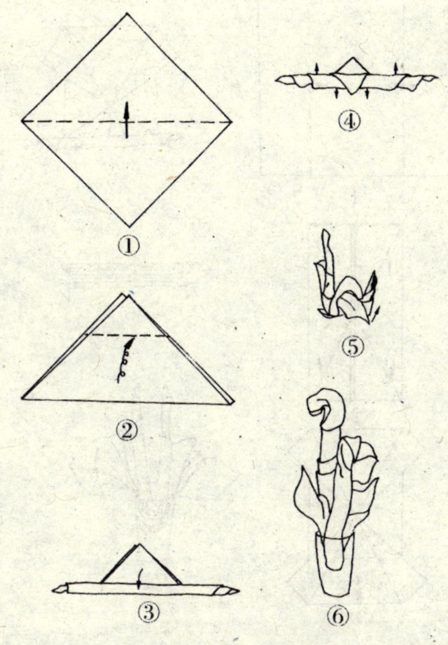

图 5-6 马蹄莲

①将底角向上对折，与顶角对齐；

②从底边向上卷，留 1/5 左右的小角；

③将留下的巾角打开一层；

④将卷好的方巾折一个“∩”形；

⑤翻上两侧小角做叶；

⑥放入杯中，翻开卷着的巾角，整理成型。

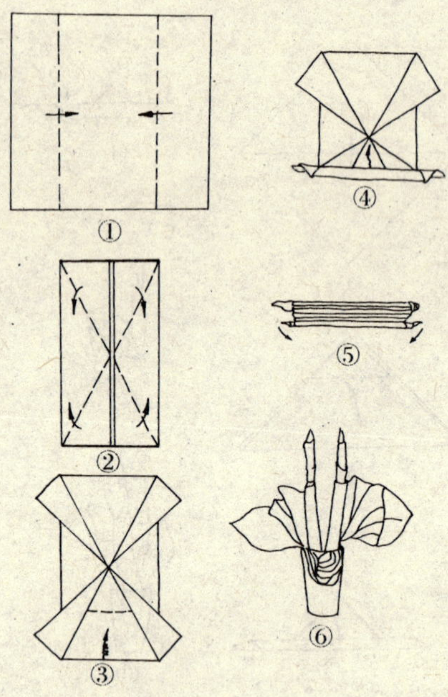

图 5-7　蝴蝶

①将两边向中间对拢；

②按指示方向分别折下四巾角；

③从底边向上卷至 1/4 处；

④再继续向上均匀捏折；

⑤将两边向下对拢；

⑥放入杯中，整理成型。

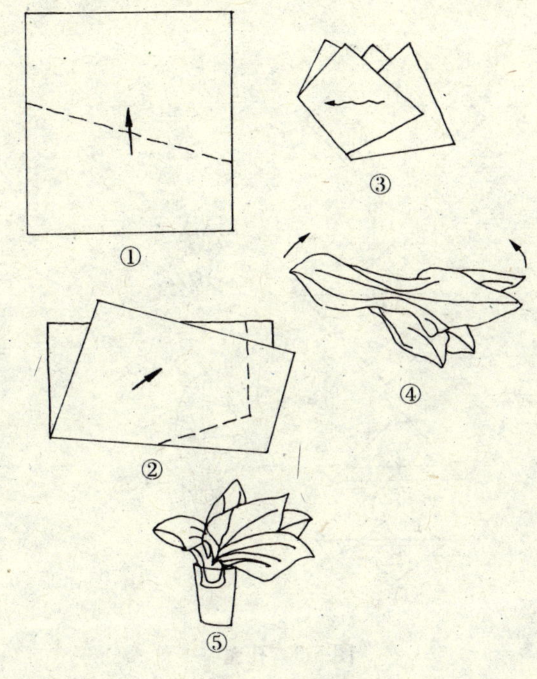

图 5-8 **金鱼**

①将底边微斜向顶边对折；

②将左边向右折至虚线标明的位置；

③从中间向两边均匀捏折；

④将左边巾角折上做头，右边巾角折上做尾；

⑤放入杯中，整理成型。

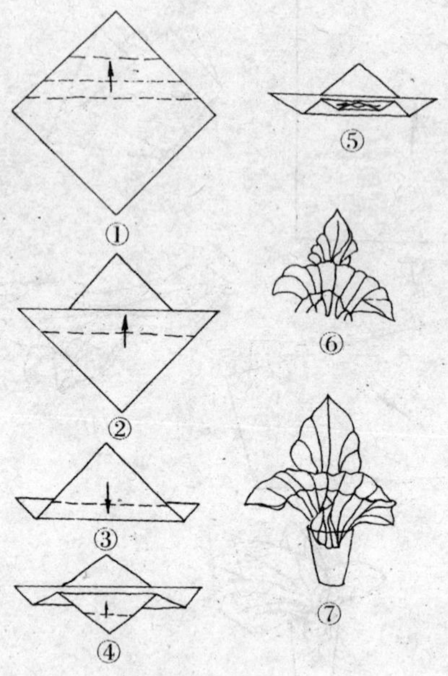

图 5-9 孔雀

①按虚线所示向顶上压折一层；

②再将底角折上，与背面底边取齐；

③再将此角向下折 2/3 左右；

④继续将此角向上折 1/3 左右；

⑤按曲线所示从中间向两边均匀捏折；

⑥拉出夹缝中的巾角做头；

⑧放入杯中，整理成型。

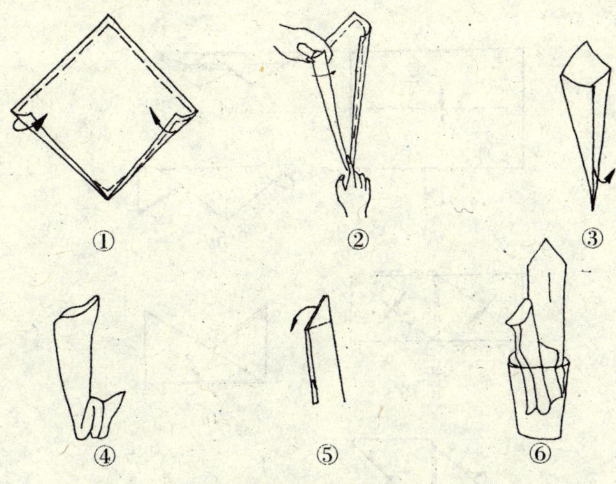

图 5-10 白 鹤

①从一巾角的两边向中斜卷；

②卷成上宽底尖两卷相并；

③将尖角反折；

④将中部折成 W 形；

⑤将尖角捏成头；

⑥放入杯中，整理成型。

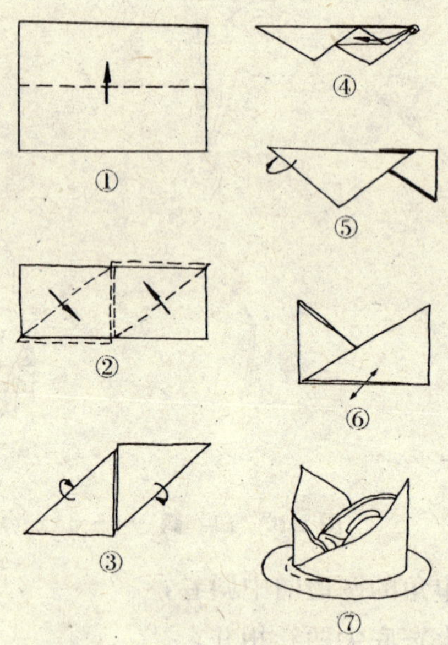

图 5-11　王　冠

①将底边向上对折，与顶边对齐；

②按虚线所示将两巾角折叠；

③将两边从中缝处向背后折；

④将右巾角插入中间夹层中；

⑤左边巾角折向背面，插入中间夹层中；

⑥将底部拉开成圆形；

⑦放入盘中，整理成型。

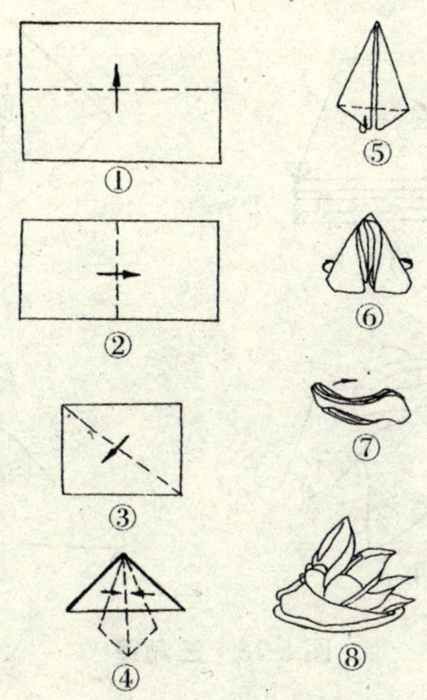

图5-12 帆 船

①将底边向上对折，与顶边对齐；

②从左向右对折；

③将右顶角处四巾角一起向下对折；

④将底边两巾角按虚线所示折叠；

⑤将底部向背后折上；

⑥将两边向上对拢；

⑦拉起夹层中的四层巾角；

⑧放入盘中，整理成型。

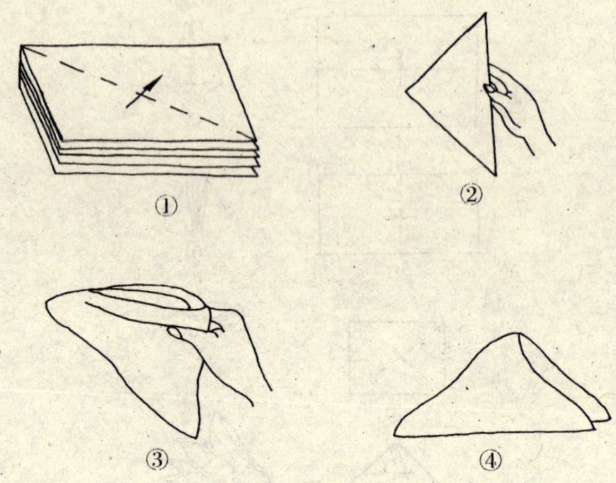

图 5-13　**三角篷**

①将餐巾对折两次后成正方形，再折成三角形；

②将三角形以右手大拇指为基准对折；

③按平折缝；

⑤开口或不开口的一面放在餐盘内面向客人。

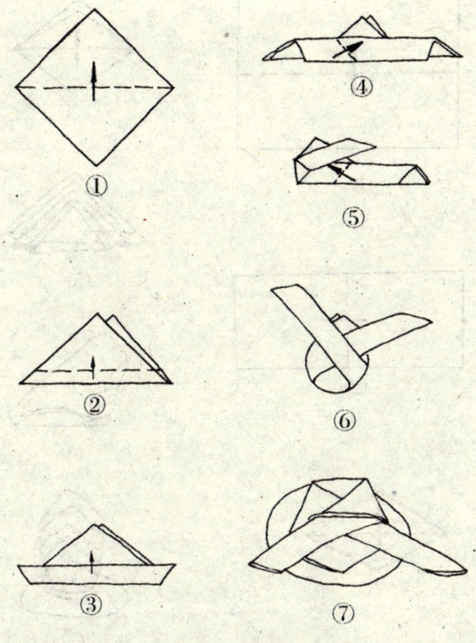

图 5-14　领带

①将餐巾折成三角形；

②将三角形的底边向上折 3 厘米左右；

③底边继续向上折 3 厘米左右；

④左角向右折；

⑤右角向左交叉折叠；

⑥成此形状；

⑦倒过来放入盘中。

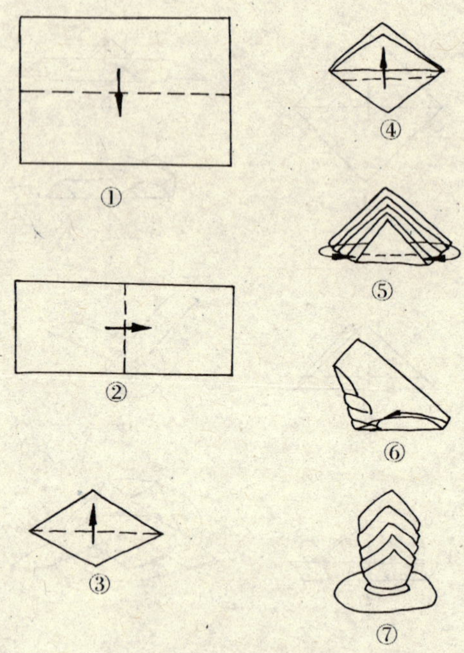

图 5-15 雨后春笋

①将顶边向下对折，与底边对齐；

②从左向右对折；

③将底巾第一层上折，与顶角间距 1 厘米左右；

④后面三层依次上折，间距相等；

⑤先将底部向背后折 2 厘米左右，再将两边巾角向后折；

⑥将一巾角插入另一巾角的夹层中；

⑦放入盘中，整理成型。

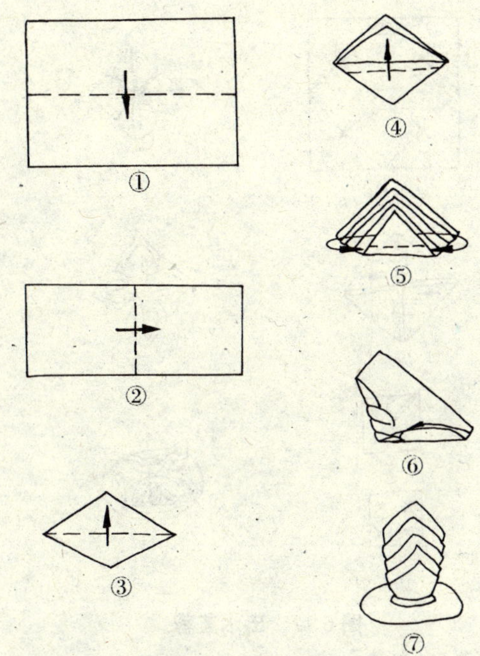

图 5-16 寒冬冬笋

①将顶边微斜向下对折；

②从左向右对折；

③先翻上底角第一层两巾角；

④再将第二层折上与第一层间距 2 厘米左右；

⑤将底部两角向背后折，一巾角插入另一巾角的夹层中；

⑥放入盘中，整理成型。

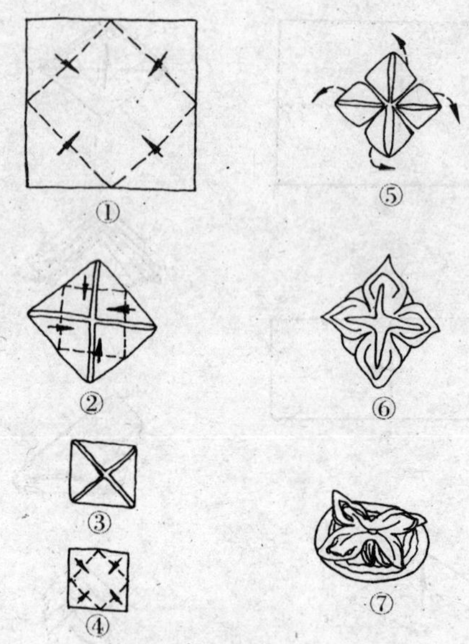

图 5-17　出水芙蓉

①将餐巾四角向中点折；

②再将四角向中点折；

③翻一面；

④将四角向中点折；

⑤将背面折角向外翻出；

⑥成此形状；

⑦放入盘中，整理成型。

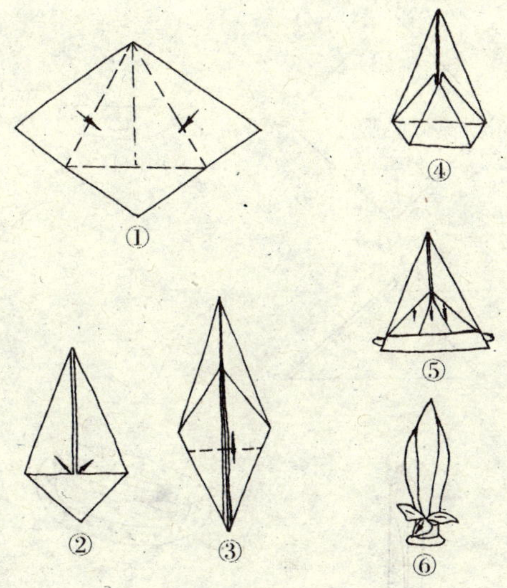

图 5-18 梅花玉树

①两边巾角向中间对拢；

②中间两巾角向上折成三角形；

③将底角折上，与中间两巾角平行；

④将底边折上；

⑤将两边向背后折，一巾角插入另一巾角的夹层中；

⑥放入盘中，整理成型。

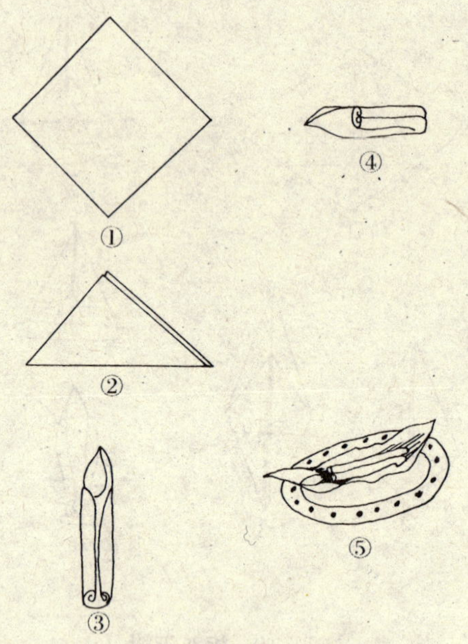

图 5-19　岁岁如意

①餐巾反面向上菱形摆放；

②对角向上折成三角形；

③将两边巾角卷筒至中线；

④翻到背面后再对折；

⑤将两巾角朝两方向拉出，整理成型。

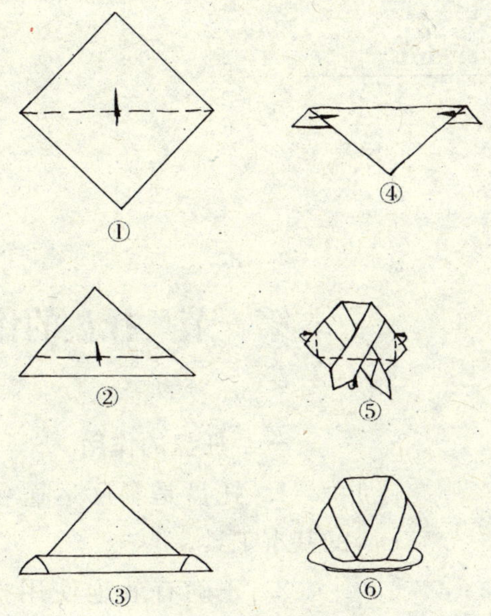

图 5-20　和服归箱

①将底角向上对折，与顶角对齐；

②将底边向上折 1/5 左右；

③将方巾翻过背面；

④将两边巾角向中间交错对拢呈衣领状；

⑤将左右两边角向背后折，再按虚线的大概位置向背面折上底角，半插入折间里；

⑥放入盘中，整理成型。

第六章 托　盘

第一节　托盘的作用

一、托盘的作用

1. 托盘是餐厅运送各种物品的基本工具。

2. 正确有效地使用托盘，既能减少搬运餐饮物品的次数，提高服务效率，又能体现服务的规范化。

(1) 分量较重的食物、酒水、盘碟等宜用大长方形、中长方形托盘。

(2) 摆、换、撤餐具、酒具及斟酒、上菜、分菜，送咖啡、茶水等，一般用大圆形、中圆形托盘。

(3) 递送信件、账单以及收款等，一般用小圆形托盘。

二、端托种类

1. 徒手端托　席间服务中，有时需要服务员用手直接将客人所需物品或食品端送至客人面前，此外，有的菜肴的盛器与托盘尺寸相同或大于托盘，在这些情况下，就需要徒手端托（采用双捧托）的方法进行服务。

2. 托盘端托　送运物品重量的不同，托盘端托的方法也不相同，分为轻托和重托。两者都有理盘、装盘、托盘等几个步骤。如图 6-1 所示。

图 6-1　托盘端托

第二节　轻　托

一、轻托的含义

又称胸前托，是指托盘所盛物品重量较轻，一般在 5 公斤以内，多用中、小型托盘。

二、轻托操作方法

1. 消毒　先将托盘洗净、擦干，然后用医用酒精对托盘和手进行消毒。

2. 理盘　即在托盘内垫上洁净的垫布，洒点清水，铺平拉正，同时垫布四周不得外露。避免物品滑动，整理后的托盘应整洁美观。

3. 装盘　原则是将重物、高物放在托盘里挡，轻物、低物在外挡；先上桌的物品放在上或放在前，后上桌的物品放在下或放在后。操作上要求托盘内物品重量分布均衡，重心靠近身体，物品的形状、体积和使用先后要合理安排，注重稳妥、安全。

4. 起盘。

（1）装盘后，先将左脚向前一步，上身前倾，双腿稍蹲，同时将左手掌置于工作台的下方，掌心向上。

（2）用右手把托盘拉出台面的三分之二，左手托住盘底并掌握重心，在右手的帮助下用力将托盘托起，待稳妥后，右手即放开。

（3）左手五指分开，掌心自然成凹形（掌心不与盘底接触），以手掌掌根部位，大拇指指端和其余四指托住盘底；左手臂自然弯曲成90°角，将托盘平托于胸前。同时，左脚收回一步，使身体成站立姿势。

5. 行走。

（1）头正肩平，两眼注视前方，步伐均匀，稳步行进，精力集中。

(2) 行走时禁止右手扶托。否则，一是不雅观，二是遮挡行走时的视线，三是容易造成失误。

(3) 随着步伐移动，托盘会在胸前自然摆，但以菜肴酒水不外溢为标准。

6. 卸盘。

(1) 到目的地后，服务员应先将体态调整到立正姿势，右脚向前一步，上身前倾，双腿下蹲；使左手与工作台面处于同一平面上。

(2) 用右手帮助将托盘向前轻推，左手慢慢地向后收回，以将整个托盘平放于台面。

(3) 用轻托方式给客人斟酒时，要随时调节托盘重心，勿使托盘翻倒。

第三节 重 托

一、重托的含义

又称肩上托，是指托盘所盛物品的重量较重，一般在5公斤以上，多用大、长方形托盘。

二、重托操作方法

1. 洁净、消毒。

2. 理盘 消毒后在托盘内垫上干净的专用盘布，洒点清水，防止滑动。盘布铺平拉正，四边不得外露，整理后的托盘洁净、清爽、美观。

3. 装盘 所托物品较重，装盘时应注意重量分布均匀，摆放合理平稳，物品之间有一定的距离。

4. 起盘　首先是用双手将托盘拉出台面的三分之一时，右手扶住盘边，左手五指分开，用全掌托住盘底，调整好重心后，用右手协助左手将托盘托起至胸前。其次是在右手的帮助下，再用力托起至肩上，同时向左向后转动手腕 90°至左肩上方。三是托盘位置以盘底不搁肩，盘缘不近嘴，盘后不靠发为准；右手自然摆动或扶托盘的前内角。

5. 行走　上身挺直，两肩放平，行走时步伐轻快，肩不倾斜，身不摇晃。掌握重心，保持平稳，动作表情轻松自然。

6. 卸盘　到目的地后，先将身体调整为立正姿势，同时向前转动手腕 90°～180°至左肩上方，在右手的帮助下将托盘平稳下降至胸前。然后右脚向前一步曲膝直腰，使左手与工作台面处于同一平面上，在右手的帮助下向前推，左手慢慢向后收回，使托盘全部放平于台面。

目前，国内饭店使用重托的不多，一般用小型手推车递送重物，既安全又省力。尽管如此，服务员也应该了解重托的基本技能。

第七章 摆 台

第一节 摆台的含义及要求

一、摆台的含义

摆台就是将各种就餐用具按照一定的要求摆放到餐桌上，是服务人员必须掌握的基本技能。

二、摆台的基本要求

餐盘摆在席位正中，各种餐具距离匀称，横竖成线，图案花纹对正，整齐统一，清洁卫生，使用方便。

三、摆台注意事项

1. 摆台操作前洗净双手，注意清洁卫生。

2. 摆台中发现餐具不洁净或有缺损，应予以更换。

3. 摆台时，右手只能拿餐具的边沿、柄、酒具的下半部，不能接触客人使用的地方。

4. 摆台时尽量使用托盘，避免体力消耗。

5. 摆台时严格按先后顺序进行，不得遗漏餐具。

第二节　中餐摆台

一、便餐摆台

（一）早餐便餐摆台

1. 铺台布。

（1）台布的作用是使餐桌整洁、美观。铺台布时要根据餐桌大小选择台布。铺台布前先在餐桌上铺一块用毛毡或泡沫做的台垫，避免餐具碰撞、滑动。

（2）铺台布时，服务员站在主位一侧，用双手将台布抖开铺在桌面上。台布正面向上，中心线对准主位，副主位，十字中心点居桌中，四周下垂分布均匀，铺好的台布平整、舒展。

（3）如台布有污迹、破洞、陈旧等情形，不得继续使用，应予以更换。

2. 摆餐饮用具。

（1）摆餐碟。餐碟也叫骨碟、渣碟。摆在席位正中，距桌边约1厘米，主要用于客人进餐时吃冷、热菜和放骨、刺等。

（3）摆汤碗（或小饭碗）及汤勺。汤碗定位在餐碟左侧，汤碗的中心点和餐碟的中心点在一条线上。

汤勺摆在汤碗内，勺把朝右。

(3) 摆餐巾花。叠好的餐巾花摆在餐碟内。

(4) 摆筷子。筷子装在筷套内，摆在餐碟的右侧。筷子尾端距桌边1厘米。筷套上的图案花纹要对准客位。

(5) 桌上各种餐具应整齐、美观、统一。

中餐早餐摆台如图7-1所示。

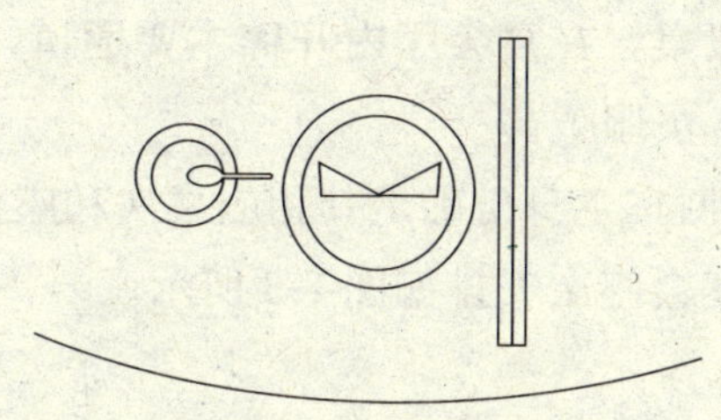

图7-1 中餐早餐摆台

(二) 午餐、晚餐便餐摆台

中餐、午餐、晚餐摆台与早餐摆台基本相同，只是在餐碟正前方加一个饮料杯，中餐、午餐、晚餐摆台如图7-2所示。

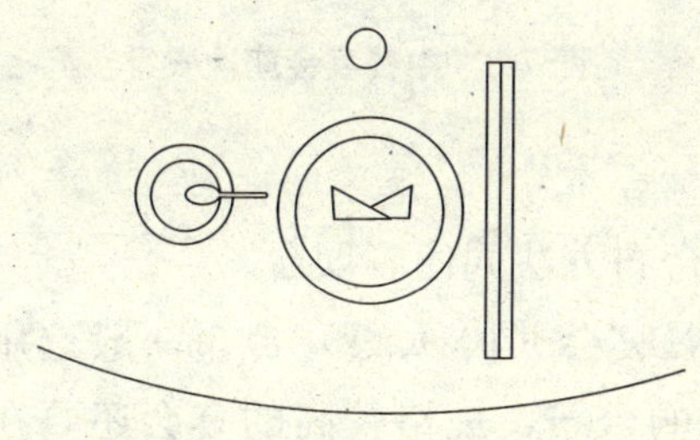

图7-2 中餐午餐、晚餐摆台

二、宴会摆台

（一）宴会座次安排

1. 座次安排的原则　主人坐在厅堂正面，对面坐副主人，主人右侧坐主宾，左侧坐第二宾，副主人右侧坐第三宾，左侧坐第四宾，其他座位为陪同人员。

2. 合理地安排各宴会桌的位置　突出主桌、次要桌、一般桌，在宴会厅内开辟主要通道，便于客人行走和服务员服务。

3. 根据宾主身份确定其相应桌次和座位。

中餐宴会座次安排如图 7-3 所示。

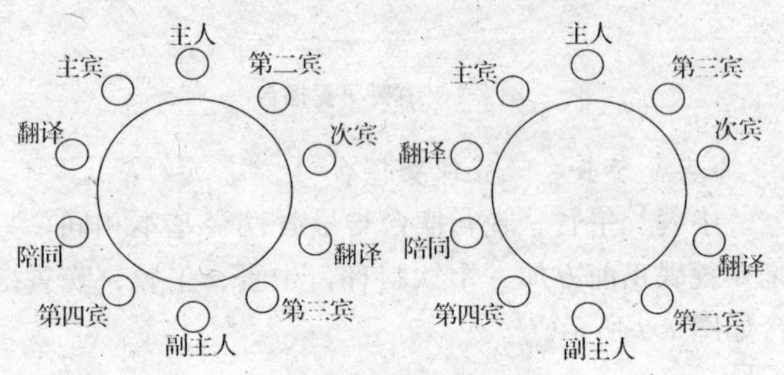

图 7-3　中餐宴会座次安排

（二）铺台布

1. 铺台布方法同便餐摆台。

2. 中餐宴会（10 人桌）台布一般选用 220 厘米×220 厘米的台布，规格较高的宴会还要在圆桌外沿围上桌裙。

（三）摆餐具

所有餐具的摆放从主位开始按顺时针方向依次用右手摆放。

1. 摆餐碟。

（1）将10个餐碟重叠在一起，下垫一块洁净的餐巾，用左手将餐碟托起或用托盘装运，用右手从主人位开始顺时针绕台依次摆放。

（2）餐碟边沿距桌边1厘米，餐碟中的图案花纹要正对客位，餐碟之间距离要匀称。

2. 摆汤碗、汤勺。

（1）汤碗摆放在餐碟左侧，与餐碟的接触距离是1厘米，汤碗的中心点与餐碟在一条直线上。

（2）汤勺放在汤碗内，勺把一般是统一朝左或统一朝右。

3. 摆筷架、大汤勺、筷子。

（1）筷架摆放在餐碟右上方，汤勺放在筷架上，勺口朝上，勺把朝下，筷子放在筷架上，筷子前端距筷架5厘米，筷子尾端距桌边1厘米，距餐碟3厘米。

（2）如筷子有筷套，筷套上的文字或图案正面向上并对准客人位。

4. 摆三杯。

三杯是指饮料杯、葡萄酒杯、白酒杯。

（1）先摆葡萄酒杯。此杯摆放在餐碟正前方，杯底座与餐碟的接触距离约1厘米，酒杯中心线与餐碟中心线在一条直线上。

（2）其次摆白酒杯。此杯摆放在葡萄酒杯的右侧，与葡萄酒杯的接触距离是1厘米。

（3）再摆饮料杯。此杯插餐巾花后摆放在葡萄酒杯的左侧，与葡萄酒杯的接触距离是1厘米。

（4）三杯左高右低，横向成一条直线。

5. 摆公用盘，公用勺和公用筷。

（1）公用餐具主要用于主人为客人布菜。

（2）公用勺、公用筷，并排横放在公用盘上，筷子尾端、勺把一律朝右。

（3）把准备好的两套公用餐具放到正、副主人前方转台上。

（4）转台较小时，则在主人、副主人餐具前横放公用筷和勺，公用筷和公用勺应用筷架托起。

6. 摆其他用品。

（1）摆牙签。如果是牙签筒，一般摆两个，分别放在正、副主人前方公用盘的右侧，与盘相距约1厘米；如果是牙签袋，一般放在每位客人的餐碟旁边，注意牙签袋上的标志要正对客人。

（2）摆烟灰缸、香烟、火柴。烟灰缸的摆放一般是每两个位置放一个，烟灰缸的上方要与酒具平行，香烟、火柴放在烟灰缸右侧。

（3）摆席次卡、座卡。正式宴会一般都要放席次卡、座卡，席次卡摆在每张餐桌的下面，卡上的号码要朝向餐厅入口处；座卡放在餐位正中，卡上姓名正对就餐者。

(4) 摆花瓶或插花。花瓶或插花一般放在转台正中，开宴时要撤掉。

7. 复查。

全部用具摆好后，再次整理、检查，看是否有遗漏，以便及时添补。

中餐宴会摆台如图 7-4 所示。

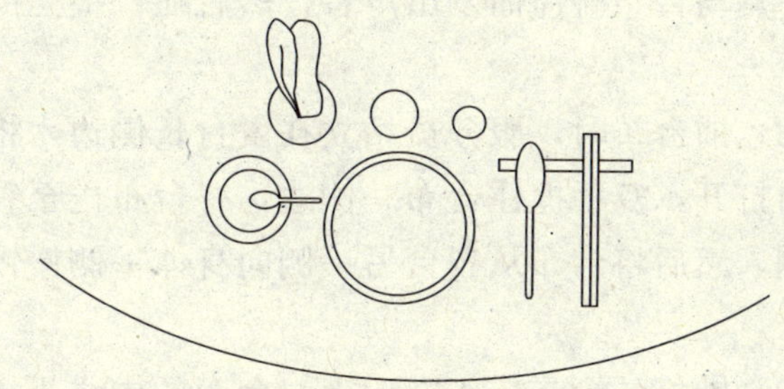

图 7—4　中餐宴会摆台

第三节　西餐摆台

一、基本要领

西餐摆台的基本要领。餐盘摆在席位正中，左叉右刀，餐刀口朝盘，叉齿朝上，各种餐具横竖成一直线，餐具与菜肴、酒类配套，叠好的餐巾花放在餐盘正中。

二、便餐摆台

西餐便餐摆台包括集体用餐和个人用餐。集体用餐人数较固定，桌次固定，座位无主次之分，个人用餐则不固定桌次，较随意。一般用长台、方台。讲究吃什么菜摆什么餐具，喝什么酒配什么杯具。

（一）早餐摆台

西餐早餐一般在咖啡厅进行。其摆台程序如下：

1. 铺台布。

（1）先在餐台上铺一块用毛毡或泡沫做的台垫，避免餐具与台布碰撞而发出声音，然后在台垫上铺台布。

（2）铺台布时，服务员站立在餐台长侧边，将台布横向打开，双手捏住台布一侧边，将台布送至餐台另一侧，然后将台布从餐台另一侧向身体一侧慢慢拉开。

（3）铺好的台布应正面向上，台布的中线折缝与餐台中线吻合，四周下垂部分均匀。

2. 摆放座椅。

（1）就餐座椅分别摆在餐台两侧长边处和侧短边处，侧短边处一般各放一把椅子。如果是正方形餐台，一般应在两个相对的侧边摆放座椅或三个侧边摆放座椅。

（2）座椅摆放要整齐、对称。座椅边要恰好触及台布下垂部分。

3. 摆餐饮用具。

（1）摆餐盘（直径为 24 厘米）。餐盘摆在席位正中，图案花纹对正。盘中线对准椅中线，盘边距桌边

1 厘米，折好的餐巾花摆在餐盘内。

（2）摆餐刀、汤匙、餐叉。先在餐盘的右侧依次摆放餐刀、汤匙，刀口朝盘，匙口朝上。餐盘左侧摆餐叉，叉齿朝上。餐刀、餐叉距餐盘 1 厘米，餐刀、餐叉、汤匙后柄距桌边 1 厘米。

（3）摆面包盘、黄油刀。面包盘直径为 15 厘米，摆在餐叉左侧，其中心与餐盘中心在一条线上。面包盘距餐叉 1 厘米。黄油刀可竖放在面包盘右侧，也可横放在面包盘的上侧，刀口朝向盘心。

（4）摆水杯。餐刀前方摆水杯，杯底座距刀尖 3 厘米。

（5）摆咖啡杯具。咖啡盘摆在汤匙右侧，盘上摆咖啡杯、咖啡匙，杯把、匙把朝右。

（6）调味盘、牙签筒、烟灰缸等公用餐具摆在餐台靠中心的位置上。

西餐早餐摆台如图 7-5 所示。

图 7-5 西餐早餐摆台

（二）午餐、晚餐摆台

西餐午餐、晚餐的摆台方法一样。

1. 铺台布和摆放座椅　同早餐摆台一样。

2. 摆餐具。

（1）摆餐盘。餐盘摆在席位正中，盘中线对准椅中线，盘边距桌边 1.5 厘米。

（2）摆餐刀、餐叉、汤匙。先在餐盘右侧摆放餐刀、汤匙，餐刀口朝盘，汤匙口向上。在餐盘左侧摆餐叉，叉齿朝上。餐刀、餐叉后柄距桌边 1.5 厘米。

（3）摆面包盘、黄油刀。面包盘摆在餐叉左侧，面包盘中心与餐盘的中心在一条直线上，面包盘距餐叉 1 厘米。黄油刀竖放在面包盘右侧，刀口朝盘。

（4）摆甜品叉、甜品匙。餐盘正前方横放甜品叉、匙。首先摆放的是甜品叉，后摆放甜品匙，叉把朝向左，匙把朝向右。

（5）摆水杯。摆放在餐刀正前方，杯底座距刀尖 3 厘米。

（6）摆餐巾。餐巾叠好后放在餐盘内。

（7）摆公用餐具。一般摆在餐台靠中心的位置上。

西餐午餐、晚餐摆台如图 7-6 所示。

图 7-6 西餐午餐、晚餐摆台

三、宴会摆台

（一）西餐宴会台形设计

1. 西餐宴会一般使用长台，台形设计应根据厅堂大小、形状和参加宴会的人数来进行。一般摆成“一”字形、“U”字形、“T”形台等。

2. 无论何种台形都要求餐台两边椅子对称，椅间距离不得少于 20 厘米，出入方便，整齐、美观、大方，突出主宾台。

（二）席位安排

确定台型后，要按就餐人数安排席位。主人的席位一般在餐台中央，其视线能够纵观全厅。主宾坐在主人右侧，他们面对其他来宾而坐，其他来宾距主人越近，则表示其身份地位越高。

席位安排如图 7-7 所示。

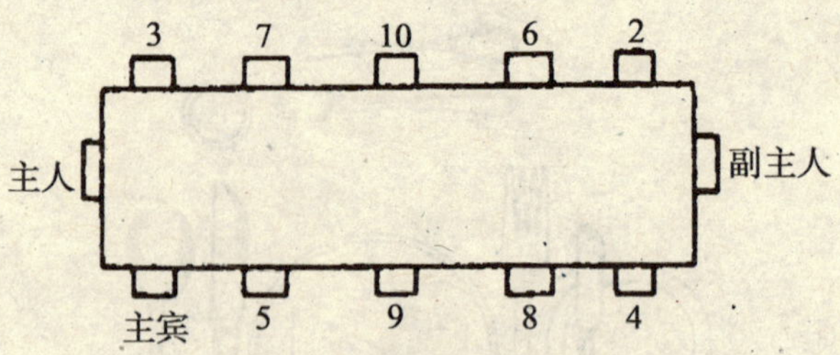

图 7-7　西餐宴会席位安排

（三）摆台

1. 铺台布　同早餐摆台一样。

2. 摆餐盘　既可用托盘摆放，也可用左手垫好口布，把餐盘放在口布上。从主人位开始按顺时针方向依次将餐盘放在餐位正前方。盘内的图案花纹要正对餐位，盘边距桌边 2 厘米，餐盘间的距离要相等。

3. 摆刀、叉、匙。

（1）摆放时，应手拿刀、叉、匙的柄处，注意清洁卫生。

（2）首先在餐盘的右侧摆放主餐刀，依次摆放鱼刀，汤匙，开胃品刀（头盆刀），刀口朝盘，匙口朝上。主餐刀距餐盘 1 厘米，其余间距 0.5 厘米。刀、匙的柄把距桌边 1 厘米。鱼刀向上突出 1 厘米，鱼刀刀把距桌边 5 厘米。

（四）摆甜品叉、甜品匙

1. 甜品叉　摆放在餐盘的正前方，叉把朝左，与餐盘间距 1 厘米。

2. 甜品匙　摆放在甜品叉的正前方，匙把朝右，与甜品叉间距 0.5 厘米。

（五）摆面包盘、黄油刀、黄油碟

1. 面包盘 摆放在席位左侧餐叉外边，盘边距开胃品叉 1 厘米，面包盘中心与餐盘中心在一条直线上。

2. 黄油刀 竖放在面包盘的右方，刀口朝盘心。

3. 黄油碟 摆放在面包盘的右上方，距面包盘 1.5～2厘米。

（六）摆酒具

摆时要拿酒具的杯肚或杯底部。水杯摆在主刀的前方，杯底座距刀尖 3 厘米。

依次在水杯的右下方摆放红葡萄酒杯、白葡萄酒杯，三杯间距 1 厘米，呈左高右低态势。

（七）摆餐巾花

将折好的盘花放在餐盘正中，注意将不同式样、不同高度的餐巾花搭配摆放。

（八）摆放其他用具

1. 盘盅，胡椒盅，牙签筒 按四人一套摆放在餐台中间位置上。烟缸从主人右侧摆起，每两人摆一个，烟缸上端与酒具平行。

2. 蜡烛台 西餐宴会一般摆两个蜡烛台，蜡烛台摆在台布中线上，餐台两侧适当的位置。

3. 插花 摆在餐台正中心位置上。

摆台结束后要进行全面检查，仔细检查是否有漏项或错摆，如果发现问题，应及时纠正，弥补不足。

第八章
斟　　酒

斟酒是餐厅服务工作中一项十分细致的工作。尤其是宴会，因用酒品种较多，对服务员斟酒技艺要求较高，必须做到不滴不洒，不少不溢。因此，服务员必须了解酒水服务的有关知识，并掌握斟酒服务的基本技能。

第一节　斟酒前的准备

斟酒前的准备工作是斟酒服务的基础，为此要做好多项工作：

一、准备酒水

1. 准备餐厅经营的酒品。这类酒是根据餐厅经营的风味特点而配用的酒品，应放在明显位置。

2. 摆放时矮瓶在前，高瓶在

后，讲究造型，明码标价，以便促销。

3. 准备各种名酒及市场畅销的酒品。

4. 检查酒水质量。如有变质，应马上撤掉并更换。

二、准备杯具

1. 一般常备杯具有：啤酒杯、红葡萄酒杯、白酒杯、白葡萄酒杯、香槟酒杯、黄酒碗及冰酒桶、温酒壶、酒篮、酒钻、开瓶器等。

2. 服务员要了解不同酒水使用的杯具和清洁卫生标准以及操作方法，这样可较好地保持酒的特色。

3. 无论客人选中哪款酒品，服务员都能及时将合适的酒杯送到客人面前。

三、选酒服务

服务员应适时地向客人提供酒单、介绍酒品及其口味、度数、产地、香型、瓶装容量、价格等。对客人选中的酒品，服务员应立即去除外包装待用。

四、示瓶

这是服务工作中不可忽视的重要环节，它标志着操作服务的开始。示瓶时服务员站在点酒客人的右侧，左手托瓶底，右手扶瓶颈，酒标朝向客人，以示对客人的尊重，又可证明酒品的可靠性。

第二节　酒水服务的基本知识

一、服务基本知识

客人在选择酒品时，对酒水的风味特色很讲究。有些酒水经过升温或降温处理会给客人带来美的享受，所以服务员应有这方面的服务知识。列表如下：

<table>
<tr><th>酒品名称</th><th>饮用最佳温度</th><th>处理方法</th></tr>
<tr><td>红葡萄酒</td><td>8℃～12℃</td><td rowspan="5">1. 冷藏：用冰箱冷藏。
2. 用冰桶降温：将酒瓶插入放有冰块的冰桶中 10 分钟，即可达到冰镇效果。
3. 溜杯：用冰块对杯具进行降温处理。服务员手持杯具下半部，杯中放入一小块冰，摇转杯以降低温度。</td></tr>
<tr><td>白葡萄酒</td><td>8℃～12℃</td></tr>
<tr><td>香槟酒</td><td>4℃～8℃</td></tr>
<tr><td>有汽葡萄酒</td><td>4℃～8℃</td></tr>
<tr><td>啤　酒</td><td>4℃～8℃</td></tr>
<tr><td>白　酒</td><td>30℃～35℃</td><td rowspan="2">1. 水烫：将酒倒入温酒壶，然后放入热水中升温。
2. 火烤：将酒倒入耐热器皿，置于火上升温。
3. 冲入：将滚烫的饮料（茶、可乐、咖啡）冲入酒液或将酒液注入热饮料中升温。</td></tr>
<tr><td>黄　酒</td><td>40℃～50℃</td></tr>
</table>

注意：水烫、燃烧一般是当着客人的面进行操作。

二、酒瓶的开启方法

（一）葡萄酒的开启方法

1. 开瓶时，动作要轻，避免将瓶底的酒渣泛起而影响酒的风味。

2. 开瓶时，先用干净的餐巾把酒瓶包上，然后用多功能开瓶器割开封住瓶口的锡箔，除去锡箔并用餐巾擦拭瓶口。

3. 用酒钻的螺丝锥钻入软木塞，然后再旋转酒钻，待旋转至螺丝锥还有两圈留在软木塞外时，用左手握住酒瓶颈及开瓶器起拔杆，右手用力牵引取出软木塞，再将酒钻旋转取下，旋出的软木塞放在主人酒杯的右边。

（二）香槟酒的开启方法

1. 香槟酒一般要冰镇，开瓶前要擦净瓶口、瓶身。

2. 首先用多功能开瓶器割开封住瓶口的锡箔，其次左手斜拿酒瓶，同时大拇指压紧瓶塞顶部，用右手将封口铁丝扭开，然后握住塞子的帽形物，轻轻转动并往外拔，手拔的力量要均匀，不要让软木塞弹出，因为香槟酒有气泡。应避免酒液溢出。

（三）铁盖饮料开启方法

用托盘将饮料托送至工作台，当众用扳手开启。

（四）易拉罐饮料开启方法

用托盘将饮料托送至餐台，左手托盘在客人右侧用右手开启，不可对着客人拉。开启啤酒和汽水前不可晃动拉罐，避免液体外喷。

第三节 斟酒的方法

一、徒手斟酒

1. 服务员左手持一块干净的餐巾，背于身后，每斟倒一次擦拭一次瓶口。

2. 右手握酒瓶的下半部，且将酒标朝外显示给客人，同时站在客人右后侧，将右臂伸出进行斟倒。

3. 右脚伸入两椅之间，与左脚呈平行态势，身体微微前倾，但不能贴靠客人。

二、托盘斟酒

1. 要求。左手托盘，右手斟酒。

2. 托盘定位。悬位于客人座椅靠背之后，不可越过客人头顶，注意重心。

3. 左手腕处放一块餐巾，每斟倒一次揩擦一次瓶口。

4. 右手握酒瓶下半部，且将酒标朝外显示给客人，站在客人右后侧，将右臂伸出进行斟倒。

5. 右脚伸入两椅之间，与左脚呈平行态势，身体微微前倾，但不能贴靠客人。

三、斟酒量的控制

控制斟酒量的目的是为了最大限度地发挥酒体风格和对客人的尊敬，同时也体现服务员高超的服务水平。目前斟酒量的控制一般为：

名 称	斟酒量	使用杯具
白 酒	八成满	白酒杯
红葡萄酒	1/2 杯	红葡萄酒杯
白葡萄酒	2/3 杯	白葡萄酒杯
香槟酒	先斟 1/3 杯，待泡沫平息后再斟至 2/3 杯	香槟杯
啤 酒	顺杯壁慢慢地流下，以泡沫不溢出为标准	啤酒杯
其他饮料	一般以八成满为宜	饮料杯

第四节 斟酒注意事项

一、控制酒的流速

斟酒时，服务员要随时注意酒瓶内酒量的变化情况，瓶内酒量越少，流速越快，流速过快的酒液容易冲出杯外，影响服务质量，所以服务员要适当控制酒瓶的倾斜度，以控制酒液流出速度。

二、注意酒瓶位置

斟酒时，瓶口不要碰在杯口上，避免将杯口碰破或将杯子碰倒，瓶口和杯口以相距 1～2 厘米为宜。

三、出现问题的应急处理措施

服务员因操作不慎将酒杯碰倒或碰破时，应向客人表示歉意，并立即将酒杯扶起或更换酒杯，并迅速在餐台有酒水痕迹处铺上一块干净餐巾。如果是客人不慎而出现以上问题，服务员也应及时处理，不可让客人难堪。

四、观察客人动态

1. 在宴会上，主人和宾客通常要讲话，在主人和宾客讲话时，服务员应停止一切活动，精神饱满地站在自己的位置上。讲话结束，服务员要及时送上酒水，供主人和宾客祝酒之用。

2. 主人和宾客离桌、离位敬酒时，服务员用托盘托着两种酒水，紧随主人和宾客身后，以便及时给主人和宾客或其他客人添斟。

3. 在宴会进行过程中，服务员应随时注意每位客人杯中的酒量，见到杯中酒水只有 1/3 杯时，应及时续斟。

五、注意宴会斟酒时间及顺序

1. 中餐宴会斟酒时间。

（1）重要宴会。服务员应提前 5 分钟将葡萄酒和白酒斟好，客人入席后，再斟饮料。

（2）一般宴会。服务员应提前 10 分钟将葡萄酒和白酒斟好。客人入席后，再斟饮料。

（3）小型宴会。服务员要待客人入座后再斟各类酒水。

2. 中餐宴会斟酒顺序。从主宾开始，按男主宾、女主宾、男宾、女宾、男主人、女主人的顺序顺时针方向依次斟倒。

3. 西餐讲究用酒，几乎每道菜都有一种酒，且每喝一种酒就配一种酒杯。西餐宴会是先斟酒后上菜。其斟酒顺序为女主宾、女宾、女主人、男主宾、男宾、男主人的顺序，与中餐斟酒顺序不一样。

第九章 中餐上菜、分菜

第一节 上 菜

上菜就是服务员将菜肴按规格和一定的程序送上餐桌的一种服务方式，是餐饮服务的重要步骤，也是餐饮服务人员必须掌握的基本技能。

一、中餐上菜位置

1. 一般选择在译、陪人员（或一般客人处）之间进行，严禁从主人和主宾之间上菜。

2. 上菜时要报菜名，并向来宾简要介绍菜肴的口味、特色，然后请客人品尝。

3. 每上一道新菜，须将新菜转到主宾、主人前面，以示尊重。

二、上菜要领

1. 服务员在上菜前须熟悉客人用餐的菜单，上菜时核对台号、品名，避免差错。

2. 先上配套的调味品，再用双手将菜品端上，同时整理台面，留出空间，并随时撤去空菜盘。

三、上菜顺序

1. 原则上是根据地方习惯安排上菜顺序。一般是先冷菜，后热菜，然后是汤、点心，最后是水果。

2. 冷菜上桌一般是在开宴前几分钟送上。客人入席后，当冷菜吃到二分之一时，上第一道热菜，之后根据客人进餐速度，掌握好上菜时机。

四、中餐摆菜

服务员在摆设菜肴时，应该注意桌面菜肴的美观等。

1. 摆菜的基本要求。即“一中心，二平放，三三角，四四方，五梅花”。不可盘子叠盘子，盘内的剩菜要征求主人的意见才能撤掉或进行归并。

2. 摆放菜肴时要将主菜放在转台中央，带图案、花纹的菜品要正面朝向主人、主宾，如孔雀开屏、龙凤呈祥等。

第二节　中餐分菜

中餐分菜是一项难度较大、技术性很强的工作，对服务员的要求较高。

一、分菜注意事项

1. 分菜要掌握好分量，做到每位客人一个样，先分后分一个样。尽量将盘内菜肴均匀地分给客人，减少浪费。

2. 注意清洁卫生，分菜动作要利索。服务员分菜时不得将掉在桌上的菜肴拾起再分给宾客，手拿餐碟的边沿，避免污染；分菜时动作要快，避免分在最后的客人吃冷菜。

3. 有汁水的菜肴，分菜时要带汁水；有配料的菜，分菜时要跟上配料。

二、分菜工具

1. 分鱼、禽类菜肴，一般使用刀、叉、匙。

2. 分炒菜时，一般使用叉、筷子、长柄汤匙。

3. 分汤菜时，一般使用长柄汤匙、筷子。

三、分菜的方法

1. 餐桌分菜。

服务员将菜肴端上桌后，在客人的注视下进行分菜。

(1) 分菜服务员站在一般客人之间，右手拿公筷，左手拿长柄汤匙，配合分菜。

(2) 另一位服务员将每位客人的餐碟一一送到分菜服务员前方转台上，然后将分好的餐碟按主宾、副主宾、一般宾客、主人的顺序顺时针方向依次从右侧送到每位客人的面前。

2. 服务桌分菜。

(1) 服务员先将菜肴端上餐桌让客人欣赏后，然后再端回服务桌上分配。

(2) 服务员用已准备的分菜工具，将菜肴均匀地分到准备好的餐盘中，然后用托盘送到餐桌，按主宾、副主宾、一般宾客、主人的顺序顺时针方向依次从右侧送到每位客人的面前。

第十章 撤换餐饮用具

撤换餐饮用具是服务员将客人用完的菜盘、餐碟、烟灰缸、餐巾、台布等从桌上撤下，并换上洁净的餐饮用具，体现了服务员的优质服务。

第一节 撤换餐饮用具

一、中餐撤菜盘

中餐宴会由于菜肴的花色品种多，不可能一次性上完所有的菜肴，而是在上菜的过程中不断地进行撤换。

1. 当客人用完第一道菜后，服务员首先征求主人意见，得到答复后才能撤换。

2. 在上菜的位置撤换菜盘，

注意动作轻、稳。撤菜盘时要使用托盘。

3. 不要将残菜、汤汁滴洒在客人身上或洒落在桌上；如果不慎弄脏了客人的衣服，首先赔礼道歉，然后对客人服装进行清洁、熨烫处理；如果不慎弄脏了台布，在污染处垫上一块洁净的垫布。

二、中餐撤换餐碟、汤碗、汤匙

在中餐宴会服务中，为了显示服务的优良和菜肴的名贵，突出菜肴的风味特色并保持餐台的清洁，需要多次撤换餐碟、汤碗、汤匙。高级宴会要求每道菜换一次，一般宴会撤换次数不得少于三次。

（一）下列情况可撤换餐具

1. 冷菜换热菜时应更换餐碟。

2. 先用于放鱼腥味食物的餐碟，再吃其他类型的食物时应更换餐碟。

3. 放过糖醋汁、浓汁、甜菜、甜品的餐具应及时更换。

4. 餐碟内骨刺、残渣较多，要及时更换。

5. 上风味特别的羹、汤时应换上干净的餐具，用后及时撤换。

6. 客人不慎将餐具跌落地上，不能怪罪客人，应及时更换。

（二）撤换餐具的正确方法

1. 撤换时按先主宾后其他客人的顺序，站在客人的右侧操作。

2. 注意卫生，在撤换餐碟时，将干净的餐碟和换下的餐碟分别放在托盘两边，防止将干净的餐碟弄脏。

三、中餐撤换酒具

1. 宴会进行中，客人提出更换酒水、饮料时，要及时更换酒具。

2. 酒具中有异物、菜品或汤汁时应及时更换酒具。

3. 撤换酒具时应站在客人的右侧操作，按顺时针方向进行撤换，撤换时应做到动作轻、稳，尽量不打扰客人。

四、西餐撤换餐饮用具

1. 为客人撤换餐饮用具时，需首先向客人礼貌地示意，从客人右侧按顺时针方向进行，女士优先。

2. 先撤餐刀、餐叉，然后撤餐盘，并放在托盘内适当位置。

第二节 撤换烟灰缸

服务时，发现烟灰缸里有烟蒂或杂物，应立即撤换烟灰缸，常见的有“以一换一”和“以二换一”两种方法：

一、“以一换一”法

1. 拿一只干净的烟灰缸，倒扣在小托盘里。

2. 把干净的烟灰缸倒扣在用过的烟灰缸上。

3. 将两只烟灰缸一起放进托盘里，避免烟灰飞扬。

4. 再将上面的干净的烟灰缸摆回餐桌上。

二、“以二换一”法

1. 托盘内放两只干净的烟灰缸，先将一只干净的烟灰缸放在脏烟灰缸旁边。

2. 再拿另外一只干净的烟灰缸倒扣在脏烟灰缸上，并一同取下，避免烟灰飞扬。

3. 然后将先放的干净烟灰缸复位即可。

另外，餐后收台时服务员还应做好防火安全检查，看是否有未熄灭的烟蒂，如果有应及时对其进行处理。

第三节　撤换小毛巾、餐巾、台布

一、撤换小毛巾

从宴会开始到用餐结束，这期间服务员应根据情况随时提供毛巾服务，以体现餐厅讲究卫生和礼貌、热情、周到的服务。

1. 上小毛巾。将小毛巾放在毛巾托内，装在托盘内，餐厅服务员左手端托盘，右手用毛巾夹直接递给每位客人，并说“请用毛巾”。

2. 客人用过毛巾后，将小毛巾撤走或换掉。

二、撤换餐巾

撤换时应先将餐巾抖干净，清点数目，再把餐巾扎成10块1捆。餐巾上的污染物应及时清理消毒，否则洗不掉，既不雅观也不卫生。

三、更换台布

当客人用餐完毕离开餐厅后，服务员应及时收拾餐具，换台布。因为餐厅每天接待的客人多，一张餐桌要多次重复使用，所以快捷利落地更换台布是餐饮服务人员必须掌握的基本功之一。

具体操作如下：

1. 将脏台布的半边卷起露出餐桌，再将台面上的餐饮用品移到露出的餐桌上。

2. 将脏台布一起撤下，注意不要将台布上的杂物、脏物撒在座位或地面上。

3. 在未放用品的餐桌上铺上干净台布，铺时注意折缝与桌中线吻合，然后将用品移到干净台布上。

4. 注意台布四周下垂均匀，四角对准桌脚，然后将台面用品摆放好。

第十一章
餐厅服务基本程序

第一节　中餐零点服务程序

零点餐厅是指客人随到随吃，自行安排，不需要预定，吃完现金结账或签单的餐厅。零点服务中客人多少不定，标准不一，菜品分散，时间交错。服务上要求做到热情周到，细致体贴，准确快捷。

一、餐前准备

1. 餐厅卫生　开餐前应清洁餐厅，使地面干净无污渍，墙壁、天花板洁净，门窗明亮干净，装饰物无油烟灰尘，桌椅布局合理，摆放整齐，为宾客提供整洁、优美的就餐环境。

2. 餐饮用具准备　包括摆台餐饮用具和备用餐饮用具及服务工

具。开餐前1小时开始摆台，提前时间不能过长，否则不符合卫生要求。餐饮用具的备用数量以近一个时期工作忙闲的实际情况来决定。餐具有水杯、果酒杯、烈性酒杯、餐碟、汤碗、汤勺、饭碗、筷子等；用具有台布、餐巾、小毛巾、花瓶、调料壶、牙签筒、烟灰缸等。

3. 服务用品准备　包括各种托盘、茶壶、茶叶、开瓶工具、打火机、笔、记录本、垫板、餐巾纸、洗手盅等。

4. 酒水饮料的准备　备好所供应的酒水饮料、开水、冰块等。

5. 菜单准备　一般由迎宾人员来做。准备好数量充足、清洁无污的菜单。

6. 个人卫生准备　搞好个人卫生，整理仪容仪表，在开餐前5分钟应对镜自查或相互纠正，使之符合餐厅服务的规范要求。

二、迎宾引座

1. 热情迎客　所有的顾客都是“朋友”“上帝”，迎宾员应愉快并微笑有礼貌地迎接客人。当客人行至餐厅约3米处，迎宾员应向前移动半步，双手自然下垂于身前，鞠躬20°～30°说：“您好，先生/女士，欢迎光临”。问清就餐人数，为顾客寻找合适的位置。引领座位做到先里后外，尊重选择，合理调整。

2. 引客入座　引领客人时，应走在客人左或右前方，不能太远或太近，一般以1米左右为宜，引领时右手五指并拢指向行进方向，并做到手到眼到，脚随客动。根据客人不同要求安排用餐位置。如朋友聚会，特别是年轻人聚会，应安排在餐厅里边的位置；老年人或残疾人用餐应安排在出入、行动方便的门口或主通道旁的餐台；衣着华丽的客人要安排在餐厅中央或较为明显的位置；夫妇、情侣就餐，应安排在幽静靠边能看到美丽景色的窗旁，而且女士应坐在面对室内的位置；衣冠楚楚、手提公文包的先生和女士要安排在安静不易被干扰的位置。安排时做到主随客便，一张餐桌只能安排同一批就餐客人，如需两批客人搭台共用，须经客人同意。

3. 拉椅让坐　迎宾员将宾客引领到合适的位置，值台服务员应微笑问好，并用双手将椅子拉开，招呼宾客入座。如就餐人数少于餐桌上准备的餐位数，应撤掉多余的椅子及餐饮用具。若座位不够，应该应客人要求拼台或加座，并增加相应的餐饮用具。

4. 端茶、递巾　客人入座后，服务员从客人右侧派送香巾（夏天是凉毛巾，冬天是热毛巾），并询问客人需要何种茶水，按需开茶。将泡好的茶水用托盘送上，并斟第一杯礼貌茶。若客人不另点茶，即送上免费茶。

三、点菜服务

1. 呈递菜单　为客人斟了礼貌茶后，将菜单递给客人，用语要亲切，从客人的左侧送上整洁和未改动的菜单，并主动介绍：“先生（女士），这是菜单，请您点菜。”呈递的顺序是先宾后主，先女后男。然后沿着餐桌，逆时针方向依次递给客人。如果没有为儿童准备的菜单，最好不要递给孩子们。递送之后，让客人有几分钟选择菜肴的时间。其间，服务员应根据客人数量添加或撤掉餐具，调整好客人用餐餐具，将餐巾花对折后为客人铺在腿上或将餐巾一角压在餐碟下，同时撤去筷套，从客人右侧添加茶水。

2. 解释菜单 服务员应对菜单上顾客有可能问到的问题有所准备，能对每一道菜的特点予以准确的回答和描述，以免产生误会。如哪些菜是季节性的，哪些菜是特制的，菜品的数量、质量、价格、商标、原料来源、种类、烹调方法以及营养成分等。

3. 接受点菜 客人看过菜单之后，应征询客人是否可以点菜。服务员手持点菜单及笔，以便随时记录。如果是团体客人进餐，主人会为其他客人点菜，或主人请每一位客人自己点菜。接受点菜时，服务员应站在点菜客人左后侧一步之距，上半身略微前倾，认真聆听，面部始终保持微笑，按逆时针方向依次接受客人点菜。规范的敬语是：“我可以为您订菜吗?”客人每点一个菜，服务员应有礼貌地回答“好”或者“是”，表示已经听清客人的吩咐，同时也已记录下来了，还需注意：

（1）介绍菜品应实事求是，不欺骗客人。

（2）介绍时要随时观察客人的反应，如宾客是第一次来用餐，应简略介绍餐厅菜肴的大致情况，对常客只需适当介绍一下近日或者当天的特菜即可。

（3）如遇客人所点菜已售完的情况，应立即向客人表示歉意，并推荐相近菜肴。

（4）点菜时服务员应跟着菜单走，站在每一位点菜客人的左后侧。

（5）服务员姿态应端正，回答问题要准确，用语须礼貌，语速要适中。

4. 开单、送单　服务员应迅速、准确填写客人所点菜肴名称，记清台号、特殊要求、就餐人数、服务员工号等。点菜单通常一式三联，一联交收银员；二联让收银员盖章后，由传菜员交厨房或酒吧作为取菜肴、酒水的依据；三联由传菜员划单作存根，以备查阅。在小餐厅，可由服务员唱读点菜，即通过唱读客人所点菜品，将信息传给厨房的工作人员。亦可用点菜备忘单，一式两份，一份留给客人，一份送到厨房。同时，菜单应热菜、冷菜、酒水分开写，书写规范、字迹清晰。

写好菜单后，应及时征询客人需要什么酒水，适时推荐。服务员要向客人复述一遍所点菜品、酒水，仔细核对菜单上菜名、酒水名以及数量，以免听错或写漏或误记。客人点菜完毕，收回菜单、酒水单，放置在规定位置，以保证信息传递迅速、清楚、准确。并用敬语说："对不起，请您稍等片刻。"

四、就餐服务

1. 斟酒水　按客人所点的饮品到酒吧拿取，擦净瓶身后请客人确认，看看客人对此有无疑问。然后送上相应的酒杯，当着客人的面将瓶盖去掉。如客人订有白酒，还有饮料，应先开饮料，再开白酒，然后为客人斟酒。若是罐装饮料，须在客人面前的托盘上操作，操作时罐口不要对着客人打开。若是冷藏或加热后饮用的饮料，要用餐巾包住斟。斟酒完毕如有剩余，应放在餐桌一角；数量较多时，应征求客人意见，摆在附近的服务台上，并随时主动为客人斟上。

2. 上菜服务　服务员应及时送上客人所点菜肴。如果客人等待时间较长，应不时向客人打招呼，取得客人谅解，在上第一道菜时向客人说："对不起，让您久等了。"

上菜前一定要核对桌号、菜肴名称、数量质量、卫生情况等，核查无误后，将菜端送上桌，唱报菜名。为防止漏上或错上，每上完一道菜后在点菜单上将其用"\"画掉。上菜的一般顺序为先冷后热，先荤后素，先咸后甜，先炒后烧，先油腻后清淡，先高档后一般，最后上水果。上点心则要求：咸先甜后，热先冷后。如客人另有特别要求，则应按客人的要求服务。上热菜前应询问，得到客人肯定后才开始。若餐桌已经占满，服务员应征询客人意见，可否将两个最少的菜合并在一起，或换成小碟，或撤走，然后再上新菜。开始上热菜以后，即可征询客人是否上主食，上完最后一道菜后，应向客人说："您的菜上齐了，请慢用。"

3. 席间服务　一位训练有素的服务员应始终不停顿地为客人提供服务。在客人就餐过程中，应在自己负责的区域内巡视，不可认为客人已开始用餐了，自己就无事了，应经常为客人撤换餐碟和撤换烟灰缸，及时撤走餐桌上的空瓶、空罐、空盘等，为客人添加酒水、饮料。当汤或主食上桌时主动为客人分主食和汤。

五、餐后结束服务

1. 结账收款　当客人用餐基本结束时，服务员应上前主动询问客人是否还需其他食品或饮料，同时为客人斟茶；当客人表示不需要添加时，应立即到账台做结账的准备工作，核对客人的所有用餐食品、酒水、甜食及水果等，核对无误后由收银员开出正式账单，服务员将账单放在餐厅专用的收银夹中或托盘内，账单正面朝下，取回放在服务桌上，并在离餐台不远的地方静候客人结账。

当客人要求结账时，应先派送香巾，然后再递送账单，呈递时，距离客人不可太近或太远，身体前倾，将托盘或账单夹内的账单交给客人，请客人过目。若客人要求报出总额时，应清晰、准确地报出账单总额。

一般来说，常见的结账方式有现金结账、信用卡付账、支票结账及签单付账等。客人交付现金时，服务员点清后向客人致谢，再代客人及时送交收银台，将找回的余款及单据放入托盘内或账单夹内递给客人，并请客人清点，待客人收妥后再次向客人道谢；当客人签单时，应核对客人的姓名、房号，客人签字完毕，服务员将账单连同房卡交收银员核对，核对无误后，服务员将房卡送还客人并致谢；当客人用信用卡或支票结账时，应交收银员处理。

如果客人认为账单不实时，服务员应耐心给客人对账，将所有品种及单价向客人礼貌地解释清楚，并当面逐一对账，复核一次，结账后要表示道谢。

此外，服务员在百忙之中要多留意，以防跑账、漏账的情况出现。多留意单独用餐的客人、陌生的就餐客人、餐厅门口附近就餐的客人，快要用餐完毕的客人等。

2. 征求意见　客人就餐完毕，服务员应主动征求客人对服务、菜肴、环境等方面的意见，对客人的赞扬应礼貌地表示感谢，对所提出的意见或批评，能处理的当场解决，不能处理的，应及时上报主管或有关部门，以便改进，同时诚恳地向客人表示感谢。

3. 热情送客　客人起身离开时，服务员应上前为客人拉开座椅，提醒客人携带好随身的物品。如有未吃完的菜肴，应主动问客人是否需带走，如需则主动代客人用食品袋或食用饭盒打包。迎客员送客应走在客人的后面，并可在客人走出餐厅后再送出一两步，边送边向客人告别，欢迎客人再次光临。

4. 收台检查　当客人离开餐厅后，服务员要立即开始清理餐台。收拾餐台时，首先要仔细查看是否有客人遗忘的物品，若有，应立刻追出餐厅送还客人；客人如已走远，应立即上交领导处理。接着分类收拾餐台，先收餐巾、毛巾，再收杯具及筷勺，然后收盘碗，最后是撤换台布。如周围还有客人就餐，不允许露出全部餐台台板，应在折起脏台布的一半时就打开干净台布铺上一半，再撤掉脏台布，最后全部打开干净的台布并铺好，按规定标准重新摆好餐台，准备迎接新的客人。

5. 整理桌椅、餐饮用具　当天营业结束，客人全部离去后，服务员方能打扫餐厅及环境卫生。收拾好各种餐饮用具及用品，做好地面清洁，桌椅摆放整齐，将各种巾布送洗衣房，将餐饮用具消毒，擦净台面，将服务用品有序放置，经领班检查后方可下班或离去。

第二节　自助餐服务程序

自助餐是一种由客人自己到菜台上自由选择食品，然后到餐桌上用餐的自我服务的就餐形式。其特点主要是食品销售采用固定价格，菜点、饮料集中陈列，以客人自我服务为主，进餐速度快，对服务人员的人数要求较少，可以收到省时、省人的效果。这种其服务方式较受客人欢迎。

由于大部分服务工作在菜台进行，故餐桌服务较少。宾客前来用餐，服务员应主动迎接客人，微笑问好。将客人引至餐桌旁入座，由客人自己到菜台取餐具、取菜。

一、布置食品台

食品台也称菜台，是自助餐服务的中心。客人用餐过程中的大部分服务工作将在这里进行。

1. 台型的选择　一般用几张长条桌拼成长台。铺台布后应围台裙，并遮住桌腿。菜台前面应留出宽度约 2 米左右，以免客人取菜时发生碰撞。

2. 食品摆放　摆放应美观、典雅，注重空间构图形象。如一层放冷菜点心，二层放特色菜，三层陈列经过雕刻的食品和鲜花。将餐盘、筷子、刀叉等餐具整齐地放在两边。

3. 突出效果　为了显示菜肴的陈列效果，可用聚光灯或较强的灯光照射菜台。

二、就餐服务

1. 向客人介绍食品　客人来到菜台前，服务员要主动向客人介绍食品的名称、风格，便于客人选用。

2. 疏导客人，撤换、补充菜点　菜台前面一般有1～2名服务员，主要负责为客人递送餐具，引导客人迅速取菜。当菜台上菜盘中的菜点少于 1/2 时，将菜盘撤下，重新添菜后再上台，保持菜台菜点丰盛，满足客人需求，同时要随时保持台面清洁。

3. 为特殊客人服务　如果是客人自取自烹的火

锅式自助餐，服务员要为客人准备火锅并开启火锅，提供各种调料，随时加汤和斟酒。

4. 及时处理各种突发事故　如客人打翻盘子时，服务员要迅速帮助处理，做好清理清洁工作。

5. 为客人送饮料　有的自助餐提供饮料服务。这时，服务员要根据客人的喜好为客人送上饮料。

6. 结账　客人用餐结束，服务员应主动礼貌地递给客人账单，客人离厅时向客人告别，欢迎再次光临。

7. 重新布置　如果客人较多，客流量大，要及时翻台，保持台面整洁卫生。

第三节　客房送餐服务程序

客房送餐就是客人通过电话点菜后，服务员将客人所点的食品和饮料装在托盘（推车）上，一次性送到客房，并置于餐桌上。其基本程序为：

一、客房订餐服务

1. 订餐员接听电话必须使用服务敬语，态度热情，音色优美，接订餐电话应在铃响三声以内。

2. 订餐员要准确记下客人所点的餐食内容，客人姓名，房间号码，以及送餐时间，再次向宾客表示感谢后结束电话。

3. 订餐员将订餐单及时输入电脑，打出账单后连同订餐单一并交给送餐员，通知送餐员做好送餐的各项准备工作。

二、客房送餐服务

1. 如客人点的菜较少，可以使用托盘送去，托盘上要垫上餐巾，食品和饮料按次序摆放好并用干净的盖或布盖好，放上餐具及其他用品（在某些特殊场合还需要摆上鲜花）。

2. 如客人点的菜较多，用专用推车送餐给客人。将冷、热食品加盖或连同加热器放在小推车上，装完后，再按客人的点菜单要求复核一遍，无误后送到客房。

3. 将推车或餐食送到客房前时，绝不允许直接开门入内，应先轻敲门，客人许可后方可进入房内，当客人开门时，应主动向客人问好。

4. 进入客房后，先询问客人愿意在哪里用餐，再根据客人要求将食品、饮料及餐具依规定摆好，请客人在订餐账单上签字，再道谢退出客房。

5. 一小时后，根据客人用餐情况或要求，将客人使用过的餐具及各种用品撤走，擦拭桌上的残留物，清点餐具并分类整理，将所有物品归原位。

三、结账

在送餐员送餐返回后，应立即核对账单，检查客人签名，并及时输入电脑结账。如账单有误，应报告负责人进行处理。

四、客房送餐的注意事项

1. 客人所点的食物或饮料，必须尽快送达，千万不能让客人久等。

2. 易冷的热食或易融化的冰冻食品，应有保温及冷藏设备，以最快的速度送上，以保持餐饮产品的最佳食用状态。

3. 提前准备并带齐客人所需的各种餐饮用具和调料，以免客人不悦。

4. 如果客人点叫冷饮，一定要备足玻璃杯，以满足增加访客所需用杯。

5. 送餐员在送餐时应认准客人房间号，以免送错。

6. 所有东西送到客人处，按规范操作摆好后，应迅速离去，不需在旁边服务。

7. 收拾餐饮用具时，要详细清点，以减少餐厅的损失。

第四节　外卖送餐服务程序

外卖送餐服务是餐厅经营的一种方式，也是对有各种需求的客人的一种服务手段。以下简要介绍其服务程序：

一、接受订餐

负责接听电话的服务员要对订餐业务的各种要求

十分熟悉，如客人订的食品种类、份数、单价、总价等都需向客人用普通话讲清楚，并问清客人送餐的地址，同时讲清送到所需的时间。为鉴别对方是否是做恶作剧，对不熟悉的客人可在接听电话后几分钟内回一个电话加以鉴别。

二、制作准备

接受后，服务员要立即通知厨房准备送餐。同时开出账单，服务员再次检查菜肴和客人订单有无出入，装好账单（注意不要遗忘和丢失），准备好零钱，以方便找补客人。

三、物品准备

准备好调料及一次性就餐用具。易冷的热食或易融化的冰冻食品，须有保温及冷藏设备。

四、送餐服务

客人所订餐饮应尽快送达，或用专车，或乘公交车，或较近的地方骑自行车等。途中注意食品的卫生和安全。

五、送餐入户

当到达客人的家门口（就餐地）时，服务员要礼貌地敲门，主动报出自己餐厅的名称。向客人问好，将菜肴一一取出并放在客人指定的位置，请客人过目验收。然后拿出账单请客人结账，结账后将发票交给客人，向客人表示感谢后离开。

餐厅服务基本敬语

一、称呼方式

先生	Mister（Mr.）
夫人	Madam
太太	Mrs
小姐	Miss
那位先生	That gentleman
您的先生	Your husband
您的夫人	Your wife

二、问候

您好！	Hello!
您好？	How do you do?
您好吗？	How are you?

见到你真高兴。

Glad to meet you.

早上好。	Good morning.
下午好。	Good afternoon.
晚上好。	Good evening.

请问您贵姓？

May I have your name, please?

三、欢迎语

欢迎您来这里用餐。

Welcome to have your meal here.

您好，欢迎光临。

How do you do! Welcome to our restaurant!

请问您是否预订了?

Have you made a reservation?

请问一起有几位?

How many persons in your party?

请跟我来，先生/女士。

Please follow me, sir/madam.

请这边走，先生/女士。

This way please, sir/madam.

请留意脚下，先生/女士。

Please mind your step, sir/madam.

四、提供帮助

要我帮忙吗?

May I help you?

我能为您做点什么吗?

Is there anything I can do for you?

需要我为您做点什么吗?

Can I do anything for you?

让我来帮您一下吧。

Let me give you a hand.

你需要……吗？

Would you want...

你喜欢……吗？

Would you like...

你能……吗？

Could you...

如果您需要帮助，请告诉我。

If you need any help，please tell me.

请问您喜欢哪种茶？

Which kind of tea do you prefer?

您想喝点什么？

Would you like something to drink?

现在可以点菜吗？

May I take your order now?

现在服务（如上菜、倒酒）好吗？

Would you mind serving now?

对不起，先生，我可以撤盘子吗？

Excuse me. May I take the plate away，sir?

这是您的菜单，先生/女士。

Here is the menu for you，sir/madam.

请问您是用哪种水果？

What kind of fruit would you like?

请问我能清理餐桌吗？

May I clean your table now?

对不起，先生/女士。我马上给你换掉。

I'm sorry, sir/madam. I'll change it right away.

还要点别的什么？

Will there be anything else?

五、应答

别客气。 You're welcome.

没什么。 That's all right.

不用谢。 Don't mention it.

我很乐意这样做。

It is my pleasure to do that for you.

一点儿也不麻烦。

No trouble at all.

我很高兴能给您帮个忙。

Glad to have been of help.

六、道歉、遗憾

对不起。 Excuse me.

请原谅。 Oh, pardon me.

对不起。 Sorry.

我很抱歉。 I'm awfully sorry.

没关系。 It doesn't matter.

很抱歉打扰您了。

I'm sorry to disturb you.

请原谅我打断您了。

Excuse me for interrupting you.

我马上回来。

I won't be long.

七、致谢

感谢。 Thanks.

感谢您。 Thank you.

多谢。 Thanks a lot.

谢谢您的帮助。

Thanks for your help.

太感谢您了！

Thank you. It is very kind of you.

这是您的账单，先生，请核对。

Here's your bill, sir. Please have a check on it.

请在这里签字。

Please sign here.

一共×××元，谢谢。这是找给您的钱。

××× *yuan* in all. Please, Thank you.

This is your change.

八、祝愿

祝您胃口好。

I wish you have a good appetite.

祝贺您生日快乐！

Happy birthday to you!

祝您快乐！ Have a good time!

祝您健康！

I wish you the best of health!

祝您幸福!	I wish you happiness!
新年快乐!	Happy New Year to you!
圣诞快乐!	Merry Christmas!

餐厅服务基本规范简介

一、个人仪容仪表及卫生

1. 工作服应合身，其纽扣应齐全。

随时佩戴干净、正确的名牌。

鞋子要干净，应穿黑色的工作鞋。

应穿黑色（女士穿肉色）且干净的袜子。

2. 服务员要有高标准的卫生要求。

每天至少洗一次澡，不要用太多的香水。

随时注意口腔的卫生。

每次吃完饭要刷牙，以防止口腔有残渣或异味。

3. 男服务员的头发要短而整齐，应经常刮胡子。

女服务员的头发要干净、整

齐，长头发应拢在后面。

不染发，湿头发不能上岗。

4. 指甲要短而干净，女服务员不能涂指甲油。

5. 不能在餐厅内搔脸、剔牙、整理头发等。

6. 珠宝首饰不要佩戴太多。

7. 擤鼻子要用面巾纸，用后扔到垃圾桶内。

二、接电话

1. 接待处要有一个训练有素的人当班。

2. 铃声三声之内接起电话。

3. 正确地使用电话是与客人接触中非常重要的第一印象。

4. 电话响三声后你接听电话须道歉："早上（中午、晚上）好，对不起让你等久了……"

5. 必须清楚地向客人报上餐厅（部门）和自己的名字。

6. 所有细节必须重复并记录下来。

7. 客人等候的时间不要超过 25 秒。

8. 应向客人表示："谢谢您的等待。"

9. 接电话用语要礼貌且专业化。

10. 语言要简洁得体，声音要热情友好。

11. 不要在打电话时弄出噪音干扰电话。

12. 不打私人电话。

13. 感谢客人并和客人说再见。

14. 保持正确的姿势。

集中精力回答电话。

打电话时不要吃东西。

用手拿电话而不是用下巴夹住。

说话要慢而清晰。

15. 如果你听不懂，请叫经理来听或让客人重复一遍，而不要乱猜。

三、迎接客人

1. 所有员工上班时必须穿干净整洁的工作服并端正地佩戴名牌。

2. 提前5分钟到达工作岗位，做工作前的准备。

3. 必须有迎宾员在门口接待客人。

4. 领位员的态度应热情友好。

5. 你知道客人的姓名时，请称呼其××先生/小姐/女士。

6. 查询客人预订的细节，询问客人："您是否有预订?"

7. 若客人没有预订，请向客人询问："先生，您一共几位?"

重复客人的话并记录下来。

如果在预订方面有问题，应礼貌地请客人稍等并向主管汇报。

四、引客人入座

1. 领位员应以最快的速度将客人领到餐桌前。

当领位员不在领位台时，应有另外一位服务员带领客人。

接待处应随时有领位员或服务员。

2. 客人可以挑自己喜欢的餐台。

3. 引领客人时应礼貌地说："请您跟我来!"或"这边请!"

4. 领位员随时观察客人。

5. 领位员带客人时步伐的快慢应与客人一致。

6. 领位员应将客人带到令其感到满意的地方。

7. 带客人时应避免带到其他宾客已预订的座位上。

8. 拉出椅子请客人坐下。

9. 主人应坐在首位。

10. 根据宴会安排桌子。

比较热闹的聚会应安排在不打扰其他客人的地方。

老年人或行动不便的人应安排在靠近门口的地方。

年轻的情侣一般喜欢安静的地方。

女士优先，而且椅子必须从桌下拉出，服务员站在椅子后面，当客人坐下时，应拉着椅子并用脚抵住椅子的后腿。

11. 当所有客人坐下后，餐巾必须由领班员或服务员打开。

一般餐巾从左边上，且女士优先。

五、提供饮料

1. 应在靠近桌子前确定本桌的主人。

2. 客人坐下后服务员应立即推荐饮料。

3. 使用礼貌用语："请问您先喝点什么?"

4. 在客人点饮料前服务员应知道可提供什么饮料。

客人要酒单时应立即送上。

5. 询问客人要什么饮料时，应女士优先，客人优先，主人最后。

六、酒水服务

1. 三分钟内将饮料拿到餐桌上并报名称，注意不要打扰客人。

2. 所有饮料应用托盘服务。

杯子要平稳地放在托盘上。

客人的安全第一。

3. 客人如点鸡尾酒，应在五分钟内服务到位。

4. 所有饮料用右手从客人的右侧服务。

5. 酒杯应轻拿轻放，手指必须放在杯子的底部。

6. 当你拿着饮料在客人身后时，应提醒客人。

7. 在不打扰客人的情况下，酒水服务要报名称。

8. 瓶装饮料放在餐桌上时商标应面向客人，放在杯子后面。

9. 饮料用完之前应与客人协商是否需要另一杯饮料。

10. 在拿走空杯之前一定要问客人是否需要另一杯饮料。

11. 在提供葡萄酒之前应检查以下各项：

是否是客人点的酒；

客人所点酒的年份是否正确；

酒的温度是否适当；

酒的商标是否保存良好；

酒瓶是否干净。

12. 拿酒时要轻拿轻放，不要摇晃酒瓶。

13. 向点酒的客人展示酒标得到认可后方可进行下一步服务程序。

14. 白葡萄酒应和冰水均匀地放在冰桶里，餐巾须放在冰桶上。

服务用的餐巾必须干净。

15. 红葡萄酒放在装有服务用的餐巾的酒篮里，开瓶后的酒瓶放在分菜桌上。

16. 瓶口的酒封用酒刀割开，以免倒酒时发生意外。

打开酒塞时不要过响，并与酒瓶放在一起。

17. 酒瓶打开后，服务员应询问点酒的客人是否需要马上品尝。

如果葡萄酒有问题必须马上向主管汇报。

18. 酒标始终要面向客人，即使在倒酒时也一样。

19. 如剩余的酒不多，在平均分配给客人后应有礼貌地问主人："您还要另一瓶吗?"

20. 香槟在45°角时打开，用布巾包住瓶口，小心取出软木塞。

如无特殊要求，开香槟时声音不能过大。

七、出示菜单

1. 为向客人推荐和推销，必须熟悉菜单的内容。

应将菜单打开呈给客人。

2. 菜单应从右边呈给客人。

3. 开始工作前，必须掌握每日特色菜及没有的服务项目。

4. 要用干净、完整和没有修改过的菜单进行服务。

5. 女士优先，主人最后。

八、点菜

1. 必须告诉客人每日特色菜及没有的服务项目。

2. 应向客人介绍餐厅的特色菜。

3. 如没有客人点的菜必须立即通知客人。

4. 不能向赶时间的客人推荐准备时间较长的菜。

5. 必须知道客人点的是什么菜。

6. 当靠近客人准备点单时，应问："可以点单了吗，先生/女士?"

如客人还未准备好，应说："没关系，不要着急。"

点单者应站在可以看见客人的位置。

7. 服务员应清楚各式菜的配料及烹饪方法。

有关菜单的知识是必需的。

向客人推荐时，不必告诉菜的价格（菜单上没有打印者除外）。

向客人解释菜单的价格、服务费、准备的时间和方法。

不要向客人推荐三个以上的菜。

8. 点菜完毕，要重复客人点的菜。

九、席间服务

1. 点单后应在十分钟内上菜。

如超过十分钟应通知客人。

2. 上菜时，报上正确的菜名。

3. 核对点菜单，并将菜正确地放在客人面前。

4. 上菜时保持菜品温度，并将配菜和调料同时放在桌上。

5. 上热菜时盘子也要保持热度。

6. 尽量一手拿一个盘子，一人不能同时拿三个盘子。手指不能触到盘子的正面，只能拿盘子的边缘。盘子必须干净，否则禁止使用。

7. 烟灰缸一定要干净，否则禁止使用。

当烟灰缸内有烟头时必须马上换上干净的烟灰缸。

8. 如客人妨碍了你，应提醒客人："对不起，先生/女士。"

9. 配料时要从左边为客人服务（特殊情况除外）。

10. 上菜时应注意将主要食品面对客人。

11. 在撤盘时，应问一下客人的感受。

十、结账服务

1. 应用干净的账单夹将账单和笔一起递给客人。

2. 只有在客人要求时才可拿账单给客人。

客人要求结账时，客人等账单的时间不能超过两分钟。

账单夹应放在要结账的客人面前，打开账单夹和笔一同递上："您的账单，先生/女士。"

3. 当账单放在客人面前时，服务员应退后几步。

4. 当客人将现金或信用卡放到账单夹里时，服务员应马上走上前合上账单夹，在交到收款台前要先检查一下。

将客人多付的现金找回给客人。

客人等找零的钱或签信用卡的时间不能超过三分钟。

5. 如客人用信用卡结账，应将信用卡、单据和账单复印件（如客人要求）一同拿给客人。

6. 如客人是签房账，应请客人签名、注明房号并核对。

7. 客人结完账后，应向客人道谢："非常感谢你，欢迎您再来。"

十一、送别客人

1. 客人结完账后，服务员应继续服务，如换烟缸、斟茶等。

客人结账并不代表服务结束。

2. 当客人站起时，应帮客人拉椅子且女士优先。

如有可能，应送客人到餐厅门外。

3. 只有当客人离开餐厅时，才能向客人道别。

送客时应面带笑容："再见，先生/女士，欢迎您再次光临。"

"谢谢您的光临，祝您愉快。"

十二、处理投诉

1. 当客人投诉时，应马上进行处理和道歉。

2. 应立即将投诉通知餐厅经理或主管，并告知实情。

应欢迎客人投诉。

客人投诉时应认真聆听，以便了解事情的经过。复述事情的经过并向客人提问，确信你已完全理解客人意思。

遇到愤怒的客人，千万不能打断他的诉说，应保持冷静。

3. 如问题能解决则应马上解决，让客人百分之百的满意。

继续向客人道歉，同时可由主管向客人提供一些赠品。

4. 严重时要记下客人的姓名、地址和电话以便联络。

5. 忘记你的感受，为客人着想。

不要为错误辩解，只要道歉。

6. 感谢客人提出问题，以引起注意和改进。

餐厅服务员
初级理论自测题

一、填空题（将正确的答案填在横线上的空白处。共 20 分，每题 2 分）

1. 餐饮服务人员经常使用的“十”字文明用语是：__________、__________、__________、__________、__________。

2. 斟酒前的准备工作是斟酒服务的基础，准备工作一般包括：____、_______、_______、_______。

3. 川菜即四川菜，以味多、广、厚著称，素有“____________，_______”的美称。

4. 餐巾折花的基本手法是：__________、__________、__________、_________、_________。

5. 西餐进餐开胃酒在食用_______之前，_______用在餐后，__

____则多单独使用。

6. 为宾客提供清洁、卫生、优雅的就餐环境，是服务人员义不容辞的职责。主要包括：________；____________；____________。

7. 餐具的消毒包括：煮沸消毒法、__________、____________、____________。

8. 中餐分菜的方法有“______”“______”。

9. 服务时，发现烟缸有烟蒂或杂物，应立即撤换烟灰缸，常见的有“______”“______”两种方法。

10. 外卖送餐服务包括接受订餐，__________，________，________，________，共计5个程序。

二、选择题（将正确答案的代号填在括号中。共20分，每题2分）

1. 托盘是餐厅服务员用来端托物品常用的(　　)。

①工具之一　　②用品之一　　③物品之一

2. 对急需离开的客人，要向客人提供（　　）。

①价格较高的菜肴

②准备时间较短的菜肴

③准备时间短，菜量少的菜肴

3. 在餐厅用餐的客人为我们的服务工作带来方便时，服务员应带着感激的心情向客人说“(　　)”!

①不错　　②OK　　③谢谢您

4. 当接受客人吩咐时，服务员可以回答：“(　　)”。

①可以　　②嗯　　③好的

5. 情侣客人进餐，我们要（　　）。

①以女士的选择为主

②推销香槟酒

③推销价格高、成本高的菜肴

6. 早晨见到客人，服务员主动问候：“（　　）!”

①早上好　　②喂　　③天气不错

7. 独自一人的客人，我们应向客人提供(　　)。

①品味最佳的菜肴

②时间短的菜肴

③准备时间短且分量适中的菜肴

8. 不慎将汤汁、菜汁洒在客人衣服上时，服务员首先要（　　）。

①诚恳地向客人道歉

②为客人擦拭污迹

③为客人洗涤衣服

9. 服务推销时要尽可能地推销（　　）。

①价格成本都高的菜肴

②价格成本低的菜肴

③价格低成本高的菜肴

10. 乌龙茶中的上品有（　　）。

①铁观音、水仙

②铁观音、毛尖

③水仙、普洱茶

三、判断题（下列语句表述正确的打“√”，错误的打“×”。共20分，每题2分）

1. 在进行摆台时，要求所有餐具的图案花纹要正对客位，表示对客人的尊重。（　　）

2. 服务员可与客人进行有关客人经济收入为话题的交谈。（　　）

3. 西餐斟酒服务应按照“先宾后主，女士优先”的原则进行。（　　）

4. 红葡萄酒的最佳饮用温度是30℃～35℃。（　　）

5. 中餐上菜的位置一般选择在主人和主宾之间进行，严禁在译、陪人员之间上菜。（　　）

6. 餐巾花不仅装饰美化桌面，而且具有保洁作用。（　　）

7. 与客人谈话时应保持站立的姿势，同时要放下手中的工作。（　　）

8. 同客人交谈时，应本着实事求是的原则，不能随便答复自己不清楚、不知道的事情。（　　）

9. 中国酒按生产特点分为蒸馏酒、酿造酒、配制酒。（　　）

10. 中、西餐菜单结构是不同的，主要区别在于主菜上，即西方客人只能享用一道主菜，而中餐客人可以享用几道主菜。（　　）

四、简答题（共20分，每题5分）

1. 轻托的操作程序是什么？

2. 西餐早餐摆台的程序是什么？

3. 在餐厅工作中一旦发生意外事故时，服务员应具备哪些常识？

4. 在餐厅服务中，服务员应避免的各种忌讳是什么？

五、综合分析题（共 20 分，每题 10 分）

1. 怎样满足不同就餐目的顾客的心理需求？

2. 有人认为“客人坐着你站着，客人吃着你看着”这种工作很低下，你认为呢？为什么？

附

自测题试题参考答案

一、填空题

1. 您好　请　谢谢　对不起　再见

2. 准备酒水　准备杯具　选酒服务　示瓶

3. 一菜一格　百菜百味

4. 折叠　推折　卷筒　翻拉　捏头

5. 主菜　甜酒　烈性酒

6. 餐厅卫生　服务工具准备齐全，规范摆放　餐厅公区卫生

7. 蒸汽消毒法　化学消毒法　电子消毒法

8. 餐桌分菜　服务桌分菜

9. 以一换一　以二换一

10. 制作准备 物品准备 送餐服务 送餐入户

二、选择题

1. ① 2. ② 3. ③ 4. ③ 5. ① 6. ① 7. ③ 8. ① 9. ② 10. ①

三、判断题

1. √ 2. × 3. √ 4. × 5. × 6. √ 7. √ 8. √ 9. √ 10. √

四、简答题

1. 消毒，理盘，装盘，起盘，行走，卸盘六个操作程序。

2. 铺台布；摆放座椅；摆餐饮用具：摆餐盘，刀、叉、匙，面包盘、黄油刀，水杯，咖啡杯具，公用餐具。

3. 首先要冷静，二要采取有效措施，三要向领导汇报，四要及时妥善地处理问题。

4. 举止忌，卫生忌，礼遇忌，语言忌。

五、综合分析题

1. （1）吃便餐快餐的客人需要方便、快捷、随便，要给他们提供方便、实惠的食品，服务中不要引起其他人对他们进餐的注意。

（2）聚餐的客人一般要求有一个适应他们愉快心境的就餐环境。服务员要当好他们的参谋，注意不影响客人的热烈气氛，并注重菜肴的质量。

（3）年纪大的顾客一般喜欢品尝异地的风味菜，同时喜欢发问，有一定的猎奇心理，对他们应提供有特色的菜肴，做到有问必答，热情服务。

（4）身体病残的特殊客人需要别人的理解，又不希望别人伤害他们的自尊心，对他们应该尽量提供他们喜好的食品，又要做到体贴入微、耐心、热忱。

（5）主人宴请朋友、故友，一般注重菜肴的规格和就餐气氛，这样的客人需要严格规范的服务。

2．（1）这种认为是不正确的。

（2）职业没有高低、贵贱之分。只是社会分工不同而已。一个人在社会中要生存，要发展，必须适应环境的需要，而不能凭所谓的看法来判定职业的好坏。

（3）每个人都是社会中的一分子，你为他人服务，他人也在为你提供服务，即“我为人人，人人为我”。社会就是在人与人的协调共处中发展、前进。

（4）要牢记“客人永远是正确的”这句话。因为客人是企业、员工的衣食父母，作为服务人员，只有提供优质的服务，才能让客人高兴而来，满意而归，企业也才能发展壮大，而不能因所谓的职业贵贱的错误思想影响企业和个人的生存。

餐厅服务员
初级操作技能自测题

一、餐巾折花

1. 操作内容。折叠10种餐巾杯花（或盘花），且造型各异，植物类、动物类造型各5种。

2. 操作要求。（1）时限10分钟。（2）餐桌1个，餐巾12块，水杯10个（或餐盘10个），大餐盘1个。（3）操作动作利索快捷，一次成型，符合卫生要求；巾花成型有名称，有一定难度，造型逼真，美观大方，放入杯中（盘中）稳定成型。

3. 操作记分。仪容仪表10分；操作卫生10分；巾花平整无破损5分；造型难易程度15分（盘花10分）；指法娴熟15分（盘花20分）；杯中部分处理15分（盘花造型15分）；造型逼真，形象自然 10 分；有合适的名称 10 分；整体效果 10 分；每超时 0.5 分钟扣 2 分。

二、胸前轻托

1. 操作内容。理盘、装盘、托盘、托盘站立和行走。

2. 操作要求。（1）时限 5 分钟。（2）直径 40 厘米圆托盘 1 个，白酒杯 5 个，红酒杯 5 个，水杯 5 个，餐巾 2 块，酒瓶 1 个（带水）。（3）装盘：各式杯以八分满，内重外轻，内高外低摆放；按要求托于胸前站立 3 分钟；托盘行走 50 米，托盘中酒水不外溢，且符合操作要求。

3. 操作记分。仪容仪表及操作卫生 10 分；理盘方法 10 分；装盘方法 20 分；轻托方法、姿势及站立时间 30 分；轻托行走姿势、杯中水不外溢 30 分。

三、4 人中餐零点摆台

1. 操作内容。按中餐摆台要求摆台，包括铺台布、围椅、摆餐饮用具。

2. 操作要求。（1）时限 8 分钟。（2）直径 1 米圆桌或 1 米×1 米方桌 1 张，餐椅 4 把，工作台 1 张，1.5 米×1.5 米台布 1 块，餐巾 6 块，餐盘 4 个，汤匙 4 个，筷架 4 个，筷子 4 双，筷套 4 个，水杯 4 个，汤碗 4 个，调味架 1 个，烟灰缸 2 个，火柴 2 盒，花瓶 1 个，牙签盅 1 个，台号 1 个。（3）清点餐饮用具，检查卫生情况，铺台布、围椅，摆餐饮用具符合摆台要求。（4）操作前举手示意，计时开始，摆放餐饮用具一律使用托盘，按顺时针方向摆放。

3. 操作记分。仪容仪表及操作卫生 10 分；餐饮用具卫生 10 分；摆台顺序 20 分；摆放规范 20 分；巾花造型 20 分；整体效果 10 分；托盘使用 10 分；每超时 0.5 分钟扣 5 分。

四、中餐零餐上菜

1. 操作内容。按客人宾主位置及上菜位置，并按要求上菜。

2. 操作要求。（1）时限按客人就餐情况而定。（2）已摆好的 4 人中餐零餐餐台；各式菜盘、汤碗若干；托盘 1 个。（3）按已入座 4 位宾主位置上菜，上菜先后顺序按要求操作并使用服务敬语，报菜名，介绍风味及微笑服务。

3. 操作记分。仪容仪表及操作卫生 10 分；微笑服务 15 分；服务敬语 10 分；上菜位置、摆放动作 10 分；介绍菜点 10 分；上菜顺序 15 分；回答询问 10 分；使用托盘 10 分；总体印象 10 分。

五、斟冰水

1. 操作内容。为 6 人西餐台斟冰水。

2. 操作要求。（1）已摆好的 6 人餐台；1 张服务台；备好冰水罐和一块折成方形的餐巾；冰水罐内应盛装 1/3 冰块和 2/3 冷水。（2）服务员左手拿餐巾，右手拿冰水罐，从客人右侧顺时针方向服务，先宾后主；服务动作轻缓，勿使水溅出杯外；水斟至离杯口约 3 厘米。

3. 操作记分。按规定操作，按顺序服务 40 分；动作规范，水未溅出杯外 30 分；斟水量符合标准 30 分。

主要参考文献

1. 陈企华. 新开餐厅必读全书. 北京：中国纺织出版社，2004.
2. 华瑞创业管理咨询公司. 第一流的餐饮服务. 北京：民主与建设出版社，2003.
3. 劳动和社会保障部中国就业培训技术指导中心组织编写. 餐厅服务员：基础知识/初级技能 中级技能 高级技能. 北京：中国劳动和社会保障出版社，2001.
4. 姜培若. 现代酒店入职必读. 广州：广东旅游出版社，2003.
5. 高运华，申小云. 进城当餐厅服务员. 北京：中国农业出版社，2003.
6. 章洁. 新编现代酒店（饭店）礼仪礼貌服务标准. 北京：蓝天出版社，2004.
7. 陈玉峰. 餐饮管理. 北京：机械工业出版社，2003.
8. 陈岩. 餐饮服务规范. 北京：中国经济出版社，2003.

9. 沈群. 餐厅服务手册. 北京：旅游教育出版社，2003.

10. 陈修仪. 餐饮服务（修订版）. 北京：高等教育出版社，2000.

11. 郭敏文. 餐饮服务与管理. 北京：高等教育出版社，2001.